J. J. Kokott

Über das Wesen von Primzahlen

Ein humorvoller Streifzug (nicht nur) durch die Zahlentheorie

Mit Illustrationen von Frederik Jurk

Der Autor

J. J. Kokott, geboren 1967 in Hindenburg/Oberschlesien, dem heutigen Zabrze, ist Diplom-Ingenieur und Senior Projektmanager. Er lebt mit seiner Familie in Erlangen und arbeitet dort zurzeit als Risikomanager für einen großen Mobilitätskonzern. J. J. Kokott ist der Autor von vier weiteren Büchern, welche ebenfalls im TWENTYSIX Verlag erschienen sind, *Wieviel Mensch verträgt das Klima?*, *Von Krösus bis Draghi*, *Die Raumzeit ist ein hohler Kegel* und *Über das Wesen der Unendlichkeit*. Neben seiner Management- und Schreibtätigkeit engagiert er sich ehrenamtlich bei einem Fußballverein und ist dort als Vorstand, Jugendtrainer und Schiedsrichter aktiv.

J. J. Kokott

Über das Wesen von Primzahlen

Ein humorvoller Streifzug (nicht nur) durch die Zahlentheorie

Mit Illustrationen von Frederik Jurk

TWENTYSIX
Eine Marke der Books on Demand GmbH

© 2022 Joachim Kokott
Home: https://j-j-kokott-2.jimdosite.com

Herstellung und Verlag:
BoD – Books on Demand, Norderstedt

Illustrationen: Frederik Jurk

Fünfte, überarbeitete Auflage

Das Werk, einschließlich seiner Teile, ist urheberrechtlich geschützt. Jede Verwertung ist ohne Zustimmung des Autors unzulässig. Dies gilt insbesondere für die elektronische oder sonstige Vervielfachung, Übersetzung, Verbreitung und öffentliche Zugänglichmachung.

Bibliografische Information der Deutschen Nationalbibliothek:
Die Deutsche Nationalbibliothek verzeichnet diese Publikation in der Deutschen Nationalbibliografie; detaillierte bibliografische Daten sind im Internet unter http://dnb.d-nb.deabrufbar.

ISBN: 9783740782009

Für Werner

Inhaltsverzeichnis

Kapitel 1   Einführung

Kapitel 2   Vorstellung der Hauptprotagonisten

Kapitel 3   Primzahlenforschung

Kapitel 4   Wozu die ganze Mühe?

Kapitel 5   Primzahlen in der Quantenwelt

Kapitel 6   Die Riemannsche Vermutung

Kapitel 7   Der Gegenbeweis

Kapitel 8   Die Goldbachsche Vermutung

Kapitel 8½   Der kürzeste Beweis der Welt

Kapitel 9   Der Große Satz von Fermat

Kapitel 10   Über die Zucht von Kaninchen

Kapitel 11   Fazit und Ausblick

Kapitel 1   Einführung

Der Autor ist zu diesem kleinen Büchlein gekommen wie die Jungfrau zum Kinde. Nicht, dass es hier keine „Schwangerschaft" gegeben hätte, während derer man über die Grundidee und die Nützlichkeit dieses Werks intensiv nachgedacht hätte. Vielmehr in dem Sinne, dass der Verfasser kein Mathematiker, sondern ein Diplomingenieur ist – mit einer leidlich guten naturwissenschaftlichen Grundausbildung ausgestattet – und auf Primzahlen über jahrelanges Lösen von Sudokus gekommen ist. Diese wurden irgendwann zu langweilig und was liegt da zahlentheoretisch näher, als sich in die Mustererkennung bei Primzahlen zu verbeißen?

Nach eineinhalb Jahren Kopfzerbrechen war das gesuchte Muster gefunden, und der Autor suchte Kontakt zu mathematisch ausgebildeten Menschen, um seine gewonnenen Erkenntnisse zu teilen und möglicherweise gemeinsam als mathematisch korrektes Traktat einer breiteren Öffentlichkeit zur Verfügung zu stellen – jedoch stieß man bei keinem der kontaktierten Kenner der Materie auch nur auf die geringste Form von Interesse. Man sagt ja, dass der Versuch, außerirdische Lebensformen zu kontaktieren, am besten durch das Benutzen von Mathematik als Kommunikationsmedium funktionieren kann. Der Autor kann dies aufgrund seiner Erfahrung nicht bestätigen. Mit Mathematik erreicht man nicht mal den Mathematiker aus der eigenen Universitätsstadt! Wie soll da erst eine transuniverselle Kommunikation gelingen?

Der Autor legt also für die mathematische Korrektheit und Einmaligkeit des später beschriebenen Musters bei Primzahlen keine Hand ins Feuer. Dafür wird versucht, dieses mathematische Manko des Buches durch das Hinzufügen von leicht verständlichem Humor und von Wissen, welches über das eigentliche Hauptthema hinausgeht, zu kompensieren. Damit hofft der Autor, für den geneigten Leser ein insgesamt appetitliches Lesepaket geschnürt zu haben.

Kapitel 2 Vorstellung der Hauptprotagonisten

Die 73 ist die außergewöhnlichste Zahl von allen – was inzwischen vielleicht nicht nur den Fans der US-amerikanischen Sitcom *The Big Bang Theory* bekannt sein sollte. Bei der 73 handelt es sich nämlich um eine **umkehrbare Primzahl** (auch **Mirpzahl** genannt), denn die Spiegelzahl der 73 ist die 37, ebenso eine Primzahl. Darüber hinaus ist das Produkt aus 7 und 3 die 21 – und tatsächlich ist 73 die 21. Primzahl in der Primzahlen Reihenfolge. Und raten Sie mal, welches die 12. Primzahl ist – natürlich die 37!

Das ist aber noch nicht alles: Wenn wir uns die 73 in *Binärdarstellung* (besteht nur aus Nullen und Einsen) angucken, ergibt sich die Zahl 1001001. Das ist ein **Palindrom**, denn die Zahl bleibt gleich, auch wenn man sie rückwärts liest. Dasselbe gilt im *Oktalsystem* (bestehend aus den acht Ziffern 0, 1, 2, 3, 4, 5, 6 und 7) in der die 73 als 111 dargestellt wird. Es gibt keine andere (bisher bekannte) Primzahl, die auch nur ansatzweise ebenfalls all diese Bedingungen erfüllen kann.

Aber fangen wir jetzt erstmal ganz von vorne an und definieren, was eine **natürliche Zahl** (1, 2, 3, 4, 5, usw.) zu einer Primzahl macht. Nun Primzahlen sind alle natürlichen Zahlen, dies sich genau zwei Teiler haben. Zum Beispiel hat die 2 die Teiler 1 und 2, ist also eine Primzahl. Ebenfalls die 3, die sich nur durch 1 und 3 teilen lässt. Die 4 hingegen lässt sich durch 1, 2 und 4 teilen, und ist somit keine Primzahl. Ein Grenzfall ist irgendwie die 1. Da man jedoch die 1 nur durch sich selbst teilen kann und keine weitere Zahl, wird die 1 (heutzutage) nicht als Primzahl anerkannt.

Zahl n	Teiler von n
1	1
2 ←	1, 2
3 ←	1, 3
4	1, 2, 4
5 ←	1, 5
6	1, 2, 3, 6
7 ←	1, 7

Was man außerdem recht schnell erkennt ist, dass sich jede natürliche Zahl aus dem Produkt von zwei oder mehr Primzahlen bilden lässt, außer sie ist selbst eine Primzahl (**Fundamentalsatz der Arithmetik**).

Zahl n	Primfaktoren von n
11	11
12	2 x 2 x 3
13	13
14	2 x 7
15	3 x 5
16	2 x 2 x 2 x2
17	17

Primzahlen sind also so etwas wie die Atome der Mathematik, mit dem Unterschied, dass man diese nicht weiter teilen kann, während man Atome als chemische Elemente weiter in Elektronen, Neutronen und Protonen und die beiden letzteren sogar in Quarks weiter untergliedern kann. Auch versucht die Mathematik die Grenze des Berechenbaren immer weiter nach oben (hin zu höheren Zahlen) zu verschieben, während die Physik versucht, die Erforschung der Elementarteilchen bis zu ihrem physikalischen Minimum zu betreiben. Aus diesem Grund werden Milliardensummen zum Beispiel für den Bau von Teilchenbeschleunigern ausgegeben. Übrigens ist das physikalische Minimum die sogenannte *Planck-Länge*, benannt nach dem großartigen Physiker Max Planck, und beträgt $1,6 \times 10^{-35}$ Meter. Es gibt daneben auch noch kleinste Einheiten für Masse, Zeit, Temperatur und Ladung, aber die Erläuterung dessen würde den Rahmen dieses Büchleins sprengen.

Unter den Primzahlen gibt es besondere Primzahlen, so zum Beispiel **Primzahlzwillinge** (5 & 7, 11 & 13, 17 & 19, 29 & 31, 41 & 43, usw.), daneben einen einzigen Primzahldrilling (3 & 5 & 7) sowie einige Primzahlvierlinge, das sind zwei Primzahlzwillinge, die nur vier Zahlen auseinander liegen (11 & 13 mit 17 & 19 oder 101 & 103 mit 107 & 109). Über Mirpzahlen haben wir schon weiter oben gesprochen. Außerdem tragen einige Primzahlen Namen, zum Beispiel den des schweizerischen Mönchs Marin Mersenne, der französischen Mathematikerin Sophie Germain oder auch des französischen Hobbymathematikers und Juristen Pierre de Fermat. Der an Details interessierte Leser sei an dieser Stelle auf die überaus reichlich vorhandene Literatur zu diesen speziellen Primzahlen verwiesen. Wir wollen uns hier nur kurz mit den bekanntesten dieser Sonderlinge befassen, den **Mersenne-Primzahlen**.

Diese sind definiert als $2^n - 1$, wobei n selbst eine Mersenne-Primzahl sein muss. Beispiele sind die Zahlen $2^2 - 1 = 3$ und $2^3 - 1 = 7$. Bis etwa 1950 hat man weitgehend mit Rechenschiebern an dem Thema gearbeitet und so war nur bekannt, dass für die Exponenten 2, 3, 5, 7, 13, 17, 19, 31, 61, 89, 107 und 127 Mersenne-Primzahlen vorliegen, und keine weiteren unterhalb dem Exponenten 258. Später wurden Computer an die Berechnung gesetzt und man fand und findet bis heute weitere Mersenne-Primzahlen. Die Suche ist inzwischen zu einer Art Volkssport unter Mathematikern geworden, hat aber außer der kurzfristigen Berühmtheit keinen sonstigen praktischen Nutzen.

Marin Mersenne war, genauso wie der Autor, kein Vollprofi in Sachen Mathematik, dafür gottesfürchtig und musikbegeistert. Vermutlich deshalb unterliefen ihm bei seiner Primzahlenreihe prompt Fehler. So gab er die ersten Exponenten mit 2, 3, 5, 7, 13, 17, 19, 31, 67, 127 und 257 an, irrte sich also bei 67 und 257 und übersah 61, 89 und 107. Dass der bereits im Jahr 1648 verstorbene Mersenne, trotz seiner rechnerischen Unzulänglichkeit, bis heute ein fester Begriff unter den Zahlentheoretikern ist, war dem Autor ein Ansporn bei der Veröffentlichung dieses Buches. Vielleicht wird es mal neben den Mersenne-Primzahlen die *Kokott-Primzahlen* geben. Das glauben Sie nicht? Man wird ja wohl noch träumen dürfen!

Neben Primzahlen, die Namen tragen, gibt es auch noch eine Gruppe von Primzahlen, die mit einem Adjektiv betitelt werden – die Rede ist von den **Schwachen Primzahlen**. Diese haben die sonderbare Eigenschaft, dass bei einer Veränderung von irgendeiner der Ziffern in eine beliebige andere Ziffer, die neue Zahl plötzlich mehrere Teiler aufweist. Ein Beispiel ist die Primzahl 294001. Ersetzt man bei ihr die 1 durch eine 7, lässt sich das Ergebnis restlos durch 7 dividieren; verwandelt man die 1 hingegen in eine 9, ist das Resultat durch 3 teilbar. Schwache Primzahlen sind noch relativ junge Forschungsobjekte. 1978 stellte der Mathematiker Murray Klamkin die Vermutung auf, dass es Primzahlen mit derartigen Merkmalen gibt. Sein ungarischer Kollege Paul Erdös bewies schon kurz darauf, dass unendlich viele solcher schwachen Primzahlen existieren. Auch werden sie mit größer werdenden Primzahlen nicht seltener.

Die Unteilbarkeit der *Schwachen Primzahlen* geht also bereits bei der kleinsten Veränderung verloren. Unter ihresgleichen sind es hochempfindliche Wesen beziehungsweise echte Sensibelchen – und als solche vergleichbar mit einer Primaballerina an der russischen Staatsoper, Blumen von der Sorte *Magnoliophyta* (Orchideen) oder der zarten Haut von Jogi Löw.

Kapitel 3 Primzahlenforschung

Man kennt weder den Entdecker der Primzahlen noch ihren Namensgeber. Was man jedoch weiß, ist, dass sie seit weit über 2.000 Jahren eine große Anziehungskraft auf Mathematiker in der ganzen Welt ausüben, was wohl auf ihre Rätselhaftigkeit und Undurchdringlichkeit zurückzuführen ist.

Erste streng wissenschaftliche Forschung wurde vermutlich im alten Griechenland getätigt, zum Beispiel durch den Herren *Euklid*. Dieser hat rund 300 Jahre vor Christi Geburt den nicht unbedeutenden Beweis erbracht, dass es unendlich viele Primzahlen gibt. Außerdem kannte bereits Euklid den schon weiter oben beschriebenen *Fundamentalsatz der Arithmetik*. Bereits vorher wusste man, dass Primzahlen im Verlauf des Zahlenstrahls immer seltener werden.

In der Hochzeit des römischen Reiches und im finsteren Mittelalter fand praktisch kein Erkenntnisgewinn statt, also bezogen auf die Primzahlen, aber eigentlich auch sonst. Erst mit dem Anbruch der Aufklärung kam wieder ordentlich Schwung in die Sache rein.

Über Marin Mersenne haben wir ja schon kurz gesprochen. Dieser war mit dem Philosophen und Mathematiker *René Descartes* eng befreundet. Zwar ist von Descartes nichts Bahnbrechendes in Sachen Primzahlen bekannt, dafür stellte er seinerzeit die Philosophie quasi auf den Kopf, indem er den berühmten Gedanken formulierte „cogito ergo sum – Ich denke, also bin ich." Auch in einem Teilbereich der Arbeitskultur war Descartes ein echter Vordenker. Man sagt ihm nach, dass er die Vormittage sehr gerne im Bett verbracht hatte, um über mathematische Problemstellungen(!) nachzudenken. Damit wies er schon damals nach, dass Homeoffice sehr produktiv sein kann! Einen billigen Witz zu

„Bett" und „Problemstellungen" möchte sich der Autor an dieser Stelle verkneifen – eventuell wird eine Vertiefung in diesen eher biologischen Themenkomplex in einem späteren Buch erfolgen.

Der nächste bedeutende Mathematiker, der sich mit Primzahlen beschäftigte, war Leonard **Euler**. Er formulierte einen nach ihm benannten **Satz**, wonach die Summe der Kehrwerte aller Primzahlen gegen unendlich divergiert.

$$\sum_{k=1}^{\infty} \frac{1}{p_k} = \frac{1}{2} + \frac{1}{3} + \frac{1}{5} + \frac{1}{7} + \cdots = \infty$$

Es folgten die beiden Mathematiker *Karl Friedrich Gauß* und *Adrien-Marie Legendre*, die sich Anfang des 19. Jahrhunderts als erste die Frage stellten, ob es bei der Anzahl der Primzahlen bis zu einer Zahl n eine Regelmäßigkeit gäbe. Unabhängig voneinander kamen beide zu der Ansicht, diese Anzahl müsse nahe 1/log(n) liegen. Dieser sogenannte **Primzahlsatz** konnte bis heute allerdings nicht bewiesen werden. Generationen von Mathematikern haben sich daran inzwischen die Zähne ausgebissen.

Im Jahr 1889 fand in Paris die zehnte Weltausstellung statt. Bei dieser Gelegenheit wurde das 100jährige Jubiläum der Französischen Revolution gefeiert und ein bis dahin einmaliges Werk der Ingenieurskunst für den Publikumsverkehr freigegeben. Gemeint ist der 324 Meter hohe und rund 10.000 Tonnen schwere *Eiffelturm*. Zu den spektakulären Neuentwicklungen beim Bau des Pariser Wahrzeichens zählen die speziellen Aufzüge und die Verwendung von 2.500.000 *Nieten*, um den Zusammenhalt der einzelnen Eisenprofile zu gewährleisten – mit Nieten sind hier nicht Notenbanker oder die Mehrzahl der Outputs bei

Losbuden auf Jahrmärkten gemeint, sondern plastisch verformbare, zylindrische Verbindungselemente.

Elf (eine Primzahl!) Jahre später fand erneut eine Weltausstellung in Paris statt und diesmal stießen nicht Nieten aufeinander, sondern Mathematiker. Und diese machten sich Gedanken über den damaligen Status Quo der Mathematik und die größten noch ungelösten Probleme. Heraus kam eine Liste von 23 (Primzahl!) noch ungelösten großen mathematischen Rätseln und eines davon war die sogenannte **Riemannsche Vermutung**. Ein Update dieser Veranstaltung, inspiriert von einem amerikanischen Millionär, fand 100 Jahre später in Cambridge, USA statt und das Ergebnis war eine (Millennium Prize) Liste von 7 (schon wieder eine Primzahl!) mathematischen Herausforderungen für die nächsten 100 Jahre, darunter wieder – Sie ahnen es sicher schon – die *Riemannsche Vermutung*.

Eins der sieben Probleme wurde inzwischen tatsächlich gelöst, nämlich die sogenannte **Poincaré-Vermutung**, welche nach einem französischem Mathematiker benannt ist und besagt, dass ein geometrisches Objekt, solange es kein Loch hat, zu einer Kugel deformiert (also zum Beispiel geschrumpft, gestaucht, aufgeblasen oder ähnliches) werden kann. Vereinfacht ausgedrückt besagt diese Vermutung also, dass ein Donut kein Berliner Pfannkuchen (fränkisch: Krapfen) ist.

Der Beweisführer war ein echter mathematischer Nerd namens Grigori Jakowlewitsch Perelman, der für seine beachtliche Leistung weder das ausgelobte Preisgeld in Höhe von 1.000.000 US-Dollar noch die ihm angebotene *Fields-Medaille* (für Mathematiker so etwas wie der Oscar für Schauspieler oder der Grammy für Musiker) annehmen wollte. Vermutlich, weil er als Russe weder Donuts noch Krapfen kennt, sondern Krepli.

Ein weiteres Millennium Problem sind die sogenannten **Navier-Stokes-Gleichungen**, welche als eine Erweiterung der allseits bekannten *Euler-Gleichungen* in der Strömungsmechanik um die *Viskosität* beschreibenden Terme zu verstehen sind. Viskosität ist ein recht zähes Thema, wie der Autor aufgrund seines Studiums der Kunststoffe aus eigener Erfahrung weiß, und deshalb wollen wir hier nicht auf Einzelheiten eingehen. Interessant ist das Ganze auch nur deshalb, weil alle Wetter- und Klimamodelle auf diesen noch unbewiesenen Navier-Stokes-Gleichungen basieren. Man kann deshalb (natürlich stark verkürzt) sagen, dass die von vielen prognostizierte Klimakatastrophe mathematisch unbewiesen ist.

Doch kehren wir – nachdem wir uns bei allen Klimaschützern maximal unbeliebt gemacht haben – zurück zu Georg Friedrich Bernhard Riemann (1826 – 1866). Dieser hat in einer recht kurzen Publikation aus dem Jahr 1859 mit dem Titel *Über die Anzahl von Primzahlen unter einer gegebenen Größe* die nach ihm benannte Vermutung geäußert, dass alle Nullstellen z der nach ihm benannten ζ-Funktion im kritischen Streifen

$$S = \{z \in \mathbb{C} : 0 < \operatorname{Re} z < 1\}$$

auf der Vertikalgeraden Re z = ½ liegen. Alles klar, oder? Wir werden dieses Verständnisproblem später im Kapitel 6 hoffentlich allgemein begreifbar machen können.

Es war Riemanns einziger Beitrag zur Zahlentheorie, dafür einer von elementarer Bedeutung. Ebenfalls elementar bedeutsam waren seine Arbeiten auf dem Gebiet der *Differentialgeometrie*, seinem eigentlichen Betätigungsfeld, denn darauf basiert Albert Einsteins *Allgemeine Relativitätstheorie*, welche im Grunde eine geometrische Beschreibung des *Raum-Zeit-Kontinuums* ist. Riemanns

Vermutung wiederum ist auch deshalb so bedeutsam, weil es inzwischen Hunderte mathematischer Beweise gibt, die als Prämisse die Richtigkeit dieser Vermutung vorgeben. Sollte sich die *Riemannsche Vermutung* mal als falsch erweisen, kann man also viele Beweise in die Tonne treten und wieder von vorn anfangen. Das wäre natürlich unter dem Aspekt eines möglichst sinnerfüllten Lebens als Mathematiker sehr unschön.

Nun wird sich der eine oder andere Leser fragen, was eigentlich ein mathematischer Beweis ist. Also, wenn wir uns das Ganze als ein Haus vorstellen wollen, dann sind sogenannte *Axiome* das Fundament. Axiome sind grundlegende mathematische Aussagen, die als wahr angenommen werden. Ein Beispiel dafür ist "Jede natürliche Zahl n hat genau einen Nachfolger n+1." Darauf aufbauend werden mathematische Sätze (auch *Theoreme* genannt) formuliert, diese sind quasi die Mauersteine von unserem Haus. Theoreme wiederum müssen bewiesen werden, um von Mathematikern als wahr akzeptiert zu werden. Die *Beweise* sind also so etwas wie der Mörtel im Haus der Mathematik; sie halten alles zusammen. Es gibt direkte und indirekte Beweise. Der ehemalige Mathematik-Professor des Autors sagte über indirekte Beweise immer, diese müsse man sich so vorstellen wie „von Hinten, durch die Brust ins Auge". Also in etwa vergleichbar mit der *magischen Kugel* bei der Ermordung von JFK, die ganz allein insgesamt 7 (na klar, eine Primzahl!) Ein- und Austrittswunden verursacht hat. Daran sieht man, dass Beweise und Theorien nicht immer mit dem gesunden Menschenverstand vereinbar sein müssen – außer man ist selbst Mathematiker oder Ballistiker.

Die Primzahlenforschung ist noch lange nicht am Ende, und das liegt nicht nur an der unbewiesenen *Riemannschen Vermutung*. Vielmehr gibt es noch eine ganze Reihe von

Fragen, die bisher unbeantwortet geblieben sind, als da beispielhaft wären:

- Gibt es unendlich viele Primzahlzwillinge?
- Ist jede Gerade Zahl die Summe zweier Primzahlen?
- Existieren ungerade vollkommene Zahlen?
- Wie viele Fibonacci Primzahlen gibt es?
- Wieso taucht π, also das Verhältnis von Umfang zu Durchmesser eines jeden Kreises, im Euler Produkt auf?

Leider würde die Beschäftigung mit all diesen Fragen den Rahmen des Buches komplett sprengen. Mit dem dicksten Elefanten im Primzahlenraum, der Riemannschen Vermutung, wollen wir uns aber etwas später in Kapitel 6 in der gebotenen Ausführlichkeit beschäftigen. Ebenso werden wir die Frage aufgreifen, ob jede gerade Zahl aus der Summe zweier Primzahlen besteht – wenn auch in geringerem Umfang.

Kapitel 4 Wozu die ganze Mühe?

Jahrtausende lang war die Beschäftigung mit Primzahlen eine Art „mathematisches Hobby", welches keiner konkreten Anwendung irgendeinen Nutzen bringen musste. Maximal versuchte man mal damit, außerirdische Intelligenz zu kontaktieren. So zum Beispiel 1974, als vom *Arecibo-Observatorium* in Puerto Rico eine Grafik als Botschaft von der Erde in die unendlichen Weiten des Weltraums geschickt wurde. Diese bestand aus 1679 schwarzen und weißen Pixeln, weil 1679 das Produkt der Primzahlen 23 und 73 ist und es damit nur eine sinnvolle Möglichkeit gibt, aus einem linearen Signal ein rechteckiges Bild zu rekonstruieren.

Das anwendungstechnische Mauerblümchendasein von Primzahlen änderte sich erst mit der Einführung von Internet und der damit einhergehenden potenziellen Aufhebung jeglicher Privatsphäre. Die **Kryptographie**, also die Wissenschaft der Verschlüsselung von Informationen, erlebte nun einen rasanten Aufstieg und sie bediente sich fast immer der Eigenarten von Primzahlen. Insbesondere macht man sich nun zu Nutze, dass man einerseits sehr schnell sehr, sehr große Zahlen durch die Bildung eines Produkts aus zwei sehr großen Primzahlen bilden kann, andererseits es aber eine Ewigkeit dauert, um riesige Zahlen in ihre zugrundeliegenden Primzahlen zu faktorisieren. Dieses **Problem der Faktorisierung** bildet also das Rückgrat von fast allen heutigen Verschlüsselungssystemen, das darunter gebräuchlichste wurde im Jahr 1977 eingeführt und trägt den Namen *RSA-Verschlüsselung*, benannt nach den drei Entwicklern Ronald L. **R**ivest, Adi **S**hamir und Leonard **A**delman.

Natürlich sind kriminelle Elemente hinter einer schnellen Problemlösung dieser Kryptographie-Methode her wie der

Teufel hinter einer armen Seele, denn damit könnte man fast jedes Bankkonto dieser Welt aus sicherer Entfernung plündern und auf jede vertrauliche oder geheime Information zugreifen. Das größtes Interesse an Entschlüsselungen hat aber die US-amerikanische Behörde *NSA* (*National Security Agency*), welche keinen geringeren Anspruch an sich selbst hat als alles auszuspähen, was irgendwo in der Welt gehandelt, gesprochen oder auch nur gedacht wird. Wer sich ein wenig mit *Edward Snowden* beschäftigt hat, weiß welch teuflische Absichten die NSA da verfolgt. Dabei gehen dieser Behörde leider zahlreiche hochtalentierte promovierte Mathematiker zur Hand. Daran kann man sehen, dass bei weitem nicht alle Mathematiker so nerdig sind wie der bereits erwähnte Perelman und ihr Talent hauptsächlich aus Spaß an der Freude einsetzen. Tatsächlich haben nicht wenige ihre Seele für klingende Münze an den Teufel verkauft – wenigstens hat *Matt Damon* in *Good Will Hunting* der Versuchung mit guten Argumenten widerstanden!

Der Schlüssel zum Entsperren der RSA-Verschlüsselung liegt in dem schnellen Finden von Primzahlen. Dazu gibt es inzwischen eine ganze Reihe von sogenannten *Sieben*. Hervorzuheben ist hier die besondere Leistung von Pierre de Fermat im 17. (Primzahl!) Jahrhundert. Neben vielen anderen war eine seiner berühmtesten Entdeckungen der Beweis, dass für eine beliebige Primzahl p und eine Ganzzahl a (die kein Vielfaches von p sein darf) gilt:

$$a^{p-1} \equiv 1 \bmod p$$

Diese Gleichung wird auch als **Fermat's Kleiner Satz** bezeichnet (wir werden uns zum Ende des Buches auch noch mit dem großen Bruder befassen) und sie besagt, dass bei einer Division durch p, beide Seiten der Gleichung den gleichen Rest lassen (gleichrestig sind), also zur gleichen

Restklasse *modulo p* gehören. Nehmen wir zum Beispiel an, dass a = 2 und p = 5 ist. Dann ist 2^(5-1) gleich 16. Teilt man nun 16 durch 5, so bleibt als Rest 1 übrig.

Der *kleine Satz von Fermat* ist bis heute die Basis für viele andere Erkenntnisse in der Zahlentheorie und ein häufig benutztes Testverfahren für Primzahlen. Dazu wählt man mehr oder weniger zufällig einige a, und testet für diese mit schneller Potenzierung, ob die Aussage des *kleinen Satzes von Fermat* gilt. Wenn ja, dann ist p wahrscheinlich prim, denn ist p eine Primzahl, so hat für jede Zahl a die Potenz a^p nach Division durch p den Rest a. Insbesondere ist dieser Test für Mersenne-Primzahlen bestens geeignet, die ja von Haus aus durch die Formel 2^(p-1) gebildet werden.

Das älteste und einfachste Testverfahren für Primzahlen ist jedoch der **Sieb des Eratosthenes**. Als Zukunftsmusik gelten Quantencomputer, die irgendwann das Rechentempo von herkömmlichen Computern bei weitem in den Schatten stellen sollen. Das *Sieb des Eratosthenes* ist weit über 2.000 Jahre alt und wurde im Übrigen auch nicht von Eratosthenes erfunden. Es gab nämlich eine gewisse Tradition im alten Griechenland, dass Erfindungen nicht notwendigerweise nach ihren eigentlichen Erfindern benannt wurden – sondern nach sonst jemandem, der rein zufällig später irgendwie dazugekommen ist. So verhält es sich auch mit dem allseits bekannten **Satz des Pythagoras** (in einem rechtwinkligem Dreieck ist die Summe der Quadrate der beiden Katheten gleich dem Quadrat der Hypotenuse), der selbstredend nicht von Pythagoras selbst entdeckt wurde. Egal, die Griechen eben. Kommen wir zurück zum eigentlichen Sieb.

Das *Sieb des Eratosthenes* ist ein Verfahren, in dem durch Überprüfung aller natürlichen Zahlen auf Primalität bis zu einer vorgegebenen Zahl n alle Primzahlen gefunden werden. Der Ablauf ist wie folgt:

1) Es werden alle Zahlen gestrichen, die ein Vielfaches von 2 sind.
2) Es werden alle Zahlen gestrichen, die ein Vielfaches von 3 sind.
3) Es werden alle Zahlen gestrichen, die ein Vielfaches von 5 sind, und so weiter...

1	2	3	4	5	6	7	8	9	10
11	12	13	14	15	16	17	18	19	20
21	22	23	24	25	26	27	28	29	30
31	32	33	34	35	36	37	38	39	40
41	42	43	44	45	46	47	48	49	50
51	52	53	54	55	56	57	58	59	60
61	62	63	64	65	66	67	68	69	70
71	72	73	74	75	76	77	78	79	80

Einfach ausgedrückt, man streicht einfach der Reihe nach alle Vielfachen von allen Primzahlen durch. Das Problem ist, dass es, wie schon gesagt, unendlich viele Primzahlen gibt und das Verfahren deshalb für sehr große Zahlen ewig dauert. Daher gehen moderne Siebverfahren einen anderen, leider aber auch deutlich komplizierteren und nur für eingefleischte Zahlentheoretiker nachvollziehbaren Weg. Ein solches Verfahren ist der **Miller-Rabin-Test**, bei dem man zunächst den Exponenten (n-1) von a in einen geraden und einen ungeraden Anteil zerlegt. Anschließend wird mit ganz vielen Werten für a getestet und als Ergebnis bekommt man entweder eine 100% Aussage, dass die Zahl n keine Primzahl ist, oder eine XX% Aussage, dass die Zahl n eine Primzahl p ist. Solche Tests nennt man *probabilistisch* und das Ergebnis für eine (potenzielle) Primzahl ist umso wahrscheinlicher je mehr Wiederholungen man durchführt.

Der Miller-Rabin-Test ist auch ein sehr schönes Beispiel für eine sogenannte **Monte-Carlo-Simulation**, da die Auswahl von a mit *stochastischen* Mitteln, also quasi zufällig erfolgt. In Wirklichkeit ist der Vorgang eher *pseudo-zufällig*, denn kein gängiges Computerprogramm kann mit wirklichem Zufall umgehen, vielmehr werden die ‚Zufallszahlen' mittels eines vorgegebenen Algorithmus bestimmt. Ein solcher Algorithmus sorgt auch dafür, dass Sie Ihre Spotify Playlist in einer scheinbar zufälligen Reihenfolge (Random Wiedergabe) anhören können.

Monte-Carlo-Simulationen sind sehr beliebt und finden heutzutage eine Unzahl von Anwendungen, zum Beispiel im Risikomanagement oder bei Klimasimulationen. Die vielleicht berühmteste Anwendung ist jedoch die exakte Bestimmung der Kreiszahl Pi (π). Hierbei werden in einem Quadrat, in dem sich ein Kreis befindet (die berühmte *Quadratur des Kreises*) quasi zufällig Punkte verteilt. Aus dem Verhältnis der Anzahl der Punkte innerhalb zu außerhalb des Kreises lassen sich die Nachkommastellen von π ermitteln. Je mehr punktgenaue Zufallsexperimente man durchführt, desto genauer das Ergebnis. Pi und die Primzahlen hängen also irgendwie zusammen und der Hamburger Mathematik-Professor Edmund Weitz hat sogar ein ganzes Buch darüber geschrieben.

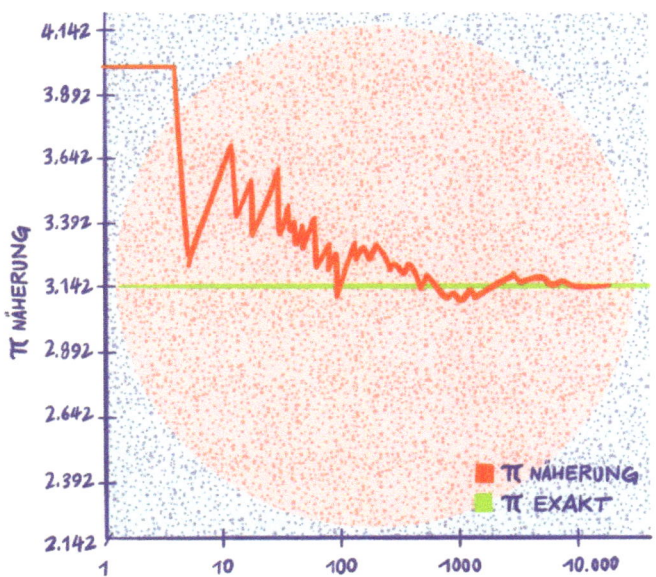

Neben probabilistischen gibt es auch *deterministische* Tests für Primzahlen – einer der bekannteren heißt **AKS-Test** (benannt nach den Indischen Mathematikern Agrawal, Kayal und Saxena) – bei denen das Ergebnis pro Primzahl 100% sicher ist, jedoch dauern diese Tests für große Zahlen sehr, sehr viel länger als Miller-Rabin und sie haben sich deshalb bisher kaum durchgesetzt.

Der Autor hat sich höchstselbst ebenfalls an die Herausforderung des Primzahltestens herangewagt und ein eigenes Siebverfahren entwickelt. Dieses basiert auf einfacher

Tabellenkalkulation und nutzt einen universellen Algorithmus zur Prüfung der Teilbarkeit von beliebig großen Zahlen durch beliebige Teiler. Bestimmt hat irgendein Mathematiker diesen Algorithmus schon viel früher entdeckt, doch der Autor konnte ihn leider in keiner Google Recherche finden. Also war das Motto: selbst ist der Mann. Ein vielleicht nicht unerheblicher Vorteil des selbstentwickelten Tests – neben der deterministischen Aussage einer Primalität – ist, dass er ganz nebenbei eine Faktorisierung von Nicht-Primzahlen vornimmt. Das kann kein Miller-Rabin.

Der entsprechende Algorithmus ermittelt komfortabel (er ist für jeden Divisor gleich!) die Restwerte bei Divisionen und kann somit bei einem Ergebnis REST = 0 die zu prüfende Zahl als Primzahl ausschließen. Ganz nebenbei werden alle Primfaktoren einer Zahl ermittelt. Der Algorithmus lautet:

Inhalt von Zelle BI4 =REST(BH$2*10+BI$2+BG4*BM4;BK4)

AP	AQ	AR	AS	AT	AU	AV	AW	AX	AY	AZ	BA	BB	BC	BD	BE	BF	BG	BH	BI	BJ	BK	BL	BM
																						3	
7	3	7	3	7	3	7	3	7	3	7	3	7	3	7	3	7	3	7	7		104	3	2
																						5	2
3	2	0	3	2	0	3	2	0	0												7	0	2
7	3	10	6	2	9	5	1	8	8												11	8	1
8	2	0	8	2	0	8	2	0	12												13	12	9
5	12	15	9	4	14	11	0	5	16												17	16	15
16	1	2	7	13	5	3	12	0	1												19	1	5
4	13	16	17	2	20	3	5	21	15												23	15	8
15	7	19	1	28	2	12	26	5	26												29	26	13
11	26	7	29	28	21	3	1	18	17												31	17	7
36	10	0	36	10	0	36	10	0	3												37	3	26
32	34	29	21	0	32	34	29	21	4												41	4	18
30	20	9	27	21	23	8	13	40	35												43	35	14
26	41	37	13	10	39	25	35	1	36												47	36	6
20	6	37	10	13	48	50	38	4	0												53	0	47
14	57	50	58	32	28	41	43	7	10												59	10	41
12	53	5	24	33	18	43	42	3	11												61	11	39
6	3	38	54	46	50	48	49	15	36												67	36	33
2	60	38	39	68	57	22	1	31	53												71	53	29
0	0	0	0	0	0	0	0	0	4												73	4	27
73	26	66	37	60	69	21	40	44	53												79	53	21
73	69	1	7	26	17	30	2	24	70												83	70	17
73	75	8	72	64	65	76	19	15	64												89	64	11
73	1	76	10	6	91	55	44	11	13												97	13	3

Obenstehend sehen wir ein Beispiel aus der Praxis. Geprüft wird die 20-stellige Zahl 73737373737373737377. Das Ergebnis lautet, dass diese Zahl aus den Primfaktoren 7, 53 und 2917 (nicht im Bildausschnitt). Dem aufmerksamen Leser werden chaotisch anmutende Zahlen in der Spalte ‚BM' aufgefallen sein, welche man aber unbedingt für den Algorithmus braucht (siehe obige Formel). Tatsächlich sind diese Hilfszahlen gar nicht chaotisch und es gibt eine einfache Berechnung für sie. Genaueres möchte der Autor jedoch nicht verraten – nur für den unwahrscheinlichen Fall, dass doch noch niemand draufgekommen ist.

Seit kurzem erobert die Kryptographie auch noch die Finanzwelt in Form von *virtuellen Währungen* – dem **Bitcoin** zum Beispiel. Bitcoins werden durch das Ausprobieren von Eingaben (das kann eine Zahl, ein Wort oder eine ganze

Enzyklopädie sein) in den *SHA-256* geschöpft, wobei *SHA* für *Safe Hash Algorythm* steht. Dabei gelten diejenigen 256 Bit Ausgaben, die mit einer bestimmten Anzahl von Nullen beginnen, als Volltreffer und der Finder bekommt zur Belohnung für seine Mühen einen Bitcoin. Die Übertragung von Bitcoins oder *Satoshis* (1 Satoshi = 1/100.000.000 Bitcoin) von der Person A an die Person B geschieht mit Hilfe der oben beschriebenen RSA-Verschlüsselung. Außerdem wird jede Transaktion durch Mitglieder des Netzwerks auf ihre Korrektheit überprüft (*Proof-of-Work*) und an ein Protokoll (*Ledger*) angehängt, welches die Historie eines jeden einzelnen Bitcoins für alle Zeiten und unveränderbar festhält.

Für manche Zeitgenossen sind Kryptowährungen die größte Innovation seit der Einführung des Internets und die Zukunft der gesamten Finanzwelt. Ist es nicht wirklich faszinierend, um auch mal *Mr. Spock*, den größten Logiker der *Vereinigten Föderation der Planeten* zu zitieren, was aus einem Jahrtausende langen, belanglosen Zeitvertreib am Ende alles werden konnte!?

Kapitel 5   Primzahlen in der Quantenwelt

Wir haben vorhin schon über die überragende Bedeutung von Primzahlen für die moderne Informationssicherheit gesprochen. Selbstverständlich sind sämtliche Geheimdienste dieser Welt deshalb auf der Suche nach einer Methode, um diese ewige Geheimniskrämerei einzelner Individuen auszuheben. Einen solchen Ansatz bietet die Quantenmechanik.

Es würde den Rahmen unseres Büchleins bei weitem sprengen, wenn wir hier die Quantenwelt näher erklären wollten, zumal diese mit dem gesunden Menschenverstand nicht zu begreifen ist. Wir beschränken uns deshalb auf die für dieses Kapitel wesentlichen Themen und lassen den Welle-Teilchen-Dualismus, die Heisenbergsche Unschärferelation oder auch Schrödingers Katze links liegen. Einsteins „spooky action at a distance" (auf Deutsch: geisterhafte Fernwirkung) kommt dagegen, zumindest am Rande, vor.

Wichtig zu wissen ist, dass ein Quant etwas sehr, sehr kleines ist, z. B. ein Ion (positiv geladenes Atom) und dass es sich in seiner natürlichen, winzig kleinen Umgebung so unvorhersehbar verhält wie englische Fußballspieler beim Elfmeterschießen. Schafft man es jedoch einen Quant zum Stillstand zu bringen – was alles andere als mühelos in der Nähe des absoluten Nullpunkts (-273,15°C) gelingt – kann man es dahingehend manipulieren, dass es für den Bruchteil einer Sekunde gewaltige Rechenarbeit verrichtet. Das gelingt, weil so ein Quant/Qubit <u>gleichzeitig</u> mehrere Zustände einnehmen kann und deshalb sehr viel schneller rechnet als ein handelsübliches Computer-Bit, das nur „0" <u>oder</u> „1" kann. Diese positive Art der Persönlichkeitsspaltung wird auf Quantenebene leicht euphemistisch als *Superposition* bezeichnet.

Außerdem hat es sich fürs Rechnen als vorteilhaft erwiesen, dass man Quanten miteinander *verschränken* kann, so dass die Manipulation eines Quants instantane Folgen auf die Eigenschaft(en) eines anderen Quants hat, ganz egal ob es sich in unmittelbarer Nähe oder am anderen Ende des Universums befindet! Albert Einstein wollte diese fundamentale Erkenntnis der Quantenmechanik nicht wahrhaben und suchte mit Gleichgesinnten nach „versteckten Variablen" - vergeblich. Mathematisch betrachtet ist die ganze Sache wortwörtlich komplex – man kann sich Qubits nämlich als Vektoren in einem komplexen Vektorraum vorstellen.

Im Gegensatz zum rasenden Rechentempo von Quanten (jedenfalls in der Theorie), ist die bisherige praktische Umsetzung des Ganzen eher im Geschwindigkeitsbereich eines Mario Basler zu finden. Immerhin gelang es dem Hightech Riesen IBM vor etwa 11 Jahren, 7 Quanten dazu zu bewegen, die Primfaktoren von 15 korrekt zu berechnen, also 3 und 5! Experten schätzen, dass es ungefähr 1.000.000 rechenwillige Qubits braucht, um die RSA Verschlüsselung zu knacken.

Nun ja, aller Anfang ist bekanntlich schwer. Doch sollten irgendwann einmal die geheimnisumwitterten Bitcoin Bestände von Satoshi Nakamoto tatsächlich wieder aktiviert werden, wird davon auszugehen sein, dass irgendwer den technologischen Quantensprung beim Quantencomputer tatsächlich geschafft hat, was ihn oder sie zwangsläufig zum Beherrscher der uns bekannten Welt machen wird.

Kapitel 6   Die Riemannsche Vermutung

Nun aber wollen wir unsere ganze Aufmerksamkeit der bereits in Kapitel 3 vorgestellten Riemannschen Vermutung widmen. Diese impliziert zwei für den Beweis wesentliche Aussagen. Umgekehrt folgt daraus die Konsequenz, dass wenn eine dieser Aussagen nicht stimmt, die Riemannsche Vermutung ebenfalls nicht stimmen kann. Das machen wir uns später in Kapitel 6 argumentativ zu nutze. Die beiden Aussagen lauten:

1) Die Abfolge der Primzahlen gehorcht strengen Regeln.
2) Die Primzahlen tauchen wie zufällig zwischen den anderen Zahlen auf. Es gibt kein System.

Um die **erste Aussage** zu veranschaulichen, tragen wir zunächst die Anzahl der Primzahlen über der Anzahl aller natürlichen Zahlen auf.

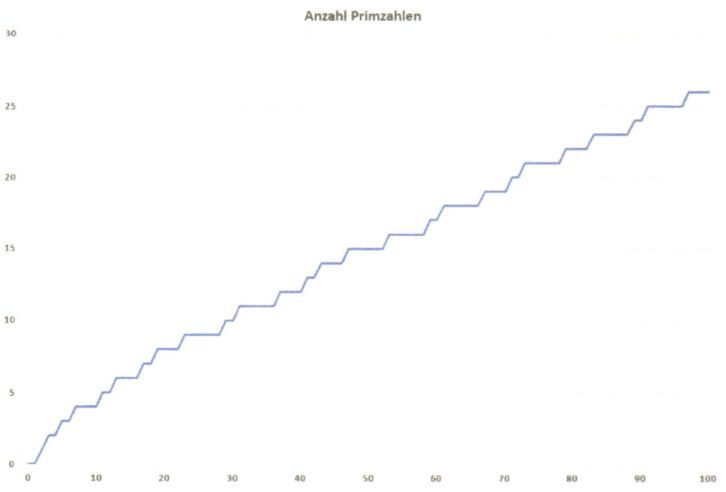

Karl Friedrich Gauß, einer der größten Mathematiker aller Zeiten und nebenbei auch noch der Doktorvater von Riemann, hat sich als einer der Ersten die Frage gestellt, ob es eine (möglichst einfache) mathematische Funktion gibt, mit der man diese Treppenkurve annähernd gut abbilden kann. Das Ziel war es, damit eine möglichst gute Vorhersage treffen zu können, wie viele Primzahlen sich in einem bestimmten Bereich der natürlichen Zahlen befinden. Das Ergebnis, welches er bereits im zarten Alter von 15 Jahren fand, war die Funktion li(x), auch als Integrallogarithmus bekannt. Eine andere Form dieser Näherung an die tatsächliche Anzahl von Primzahlen kennen wir bereits als den Primzahlsatz aus Kapitel 3. Damit sieht unser Treppendiagramm nun wie folgt aus.

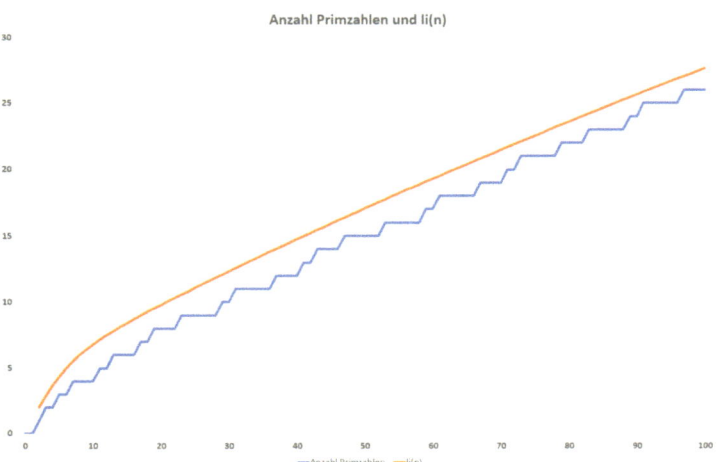

Da wir (sehr) alten Menschen gegenüber tolerant sind, erlauben wir der Näherung von Gauß noch eine in der Mathematik sehr gern genommene Fehlertoleranz von $\pm\sqrt{n}$.

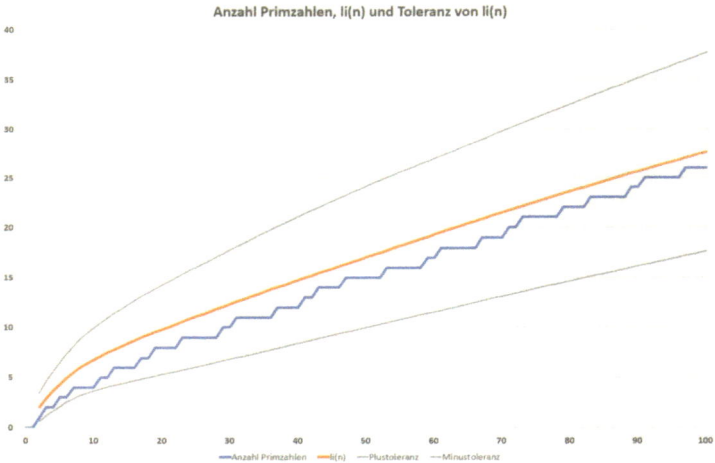

Das sieht jetzt alles sehr hübsch aus und man könnte nun davon ausgehen, dass sich die tatsächliche Anzahl von Primzahlen immer im „grauen Bereich" also zwischen den beiden grauen Kurven bewegt. Zur allgemeinen Enttäuschung hat jedoch John Edensor Littlewood im Jahr 1914 das Gegenteil bewiesen! Irgendwo in den unendlichen Weiten des Zahlenstrahls bricht die blaue Treppe also aus dem grauen Bereich aus. Der genaue (erste) Tatort ist bis heute leider nicht bekannt. Eine neuere Abschätzung geht von einem Bereich zwischen 10^{19} und 10^{316} aus. Das ist so, als ob Sie sich mit einem Freund oder einer Freundin zum Essen verabreden und als Termin irgendetwas zwischen 17:30 Uhr am 02.03.2021 und 19:30 Uhr am 07.11 im 73ten Jahrtausend ausmachen.

Soweit zur ersten Aussage vom Anfang des Kapitels, schauen wir uns nun die **zweite**, nicht minder interessante **Aussage** an, wonach die exakten Primzahlen vollkommen willkürlich verteilt und deshalb nicht auf direktem Wege (z. B. durch eine smarte Funktion) und ohne aufwendiges Sieben gefunden werden können. Die Veranschaulichung dessen ist leider deutlich schwieriger als bei der ersten Aussage. Des Pudels Kern besteht jedoch darin, dass man sogenannte *Random Walks* (in der Stochastik bezeichnet man als ein Random Walk ein Modell für eine Verkettung zufälliger Schrittfolgen) durchführt und dabei beobachten kann, dass sich die große Mehrzahl davon innerhalb des grauen Bereichs im vorangegangenen Diagramm bewegt. Ergo ist die Treppenkurve selbst ein solcher *Random Walk*. Nörgler mögen an dieser Stelle einwerfen, dass nicht alles was nach einer zufälligen Irrfahrt aussieht, tatsächlich eine solche ist – die taktische Aufstellung von Jogi Löw zum Beispiel – aber wir akzeptieren das einfach mal so an dieser Stelle, genauso wie der DFB die eigenwillige Spielweise der deutschen Fußballnationalmannschaft lange Zeit akzeptiert hat.

Riemanns Leistung war es nun, die uns schon bekannte Eulerfunktion (siehe Kapitel 3) in den komplexen Zahlenraum zu übertragen. Im komplexen Zahlenraum wird einer reellen Zahl eine imaginäre Zahl hinzugefügt und diese imaginäre Zahl ist immer ein Produkt aus einer reellen Zahl und $\sqrt{-1}$, und um nicht immer $\sqrt{-1}$ hinschreiben zu müssen, hat man diesen Term mit i (wie **i**maginär) abgekürzt. Der imaginäre Anteil einer komplexen Zahl fügt dieser, bildlich gesprochen eine weitere Dimension hinzu, was sich bei vielerlei Anwendungen als höchst nützlich erweist. Dennoch steigt hier vermutlich der Gedankenapparat der allermeisten Menschen aus und sehnt sich nach einem kühlen Bier – warten Sie bitte noch ein bisschen mit Ihrem Erfrischungsgetränk, der Autor nimmt eine Abkürzung.

Als normaler Mensch muss man einfach akzeptieren, dass, alle Investmentbanker weggehorcht, Mathematiker und Physiker die höchste Stufe der Evolution bilden. Diese beiden Berufsgruppen können jedenfalls mühelos in *n-dimensionalen Räumen* denken. Der Rest der Menschheit schafft bestenfalls 4 Dimensionen, Tiere müssen schon nach 3 kapitulieren – deshalb planen Affen auch nicht für die Zukunft, zum Beispiel in Form einer kapitalgedeckten Rentenversicherung.

In der Bibel steht zwar „selig sind die geistig Armen" und „Seht die Vögel am Himmel, sie sähen nicht, sie ernten nicht, sie sammeln nicht in Scheunen, und euer himmlischer Vater ernährt sie doch.", aber die Evangelisten mussten sich ja nicht mit zahlentheoretischen und elektrotechnischen Problemen herumschlagen – allein schon, weil es zu deren Zeit noch gar keine *Elektrizität* gab – und auf diesen Gebieten helfen ein, zwei Zusatzdimensionen nun mal unglaublich viel.

Nach diesem kleinen Exkurs in die Evolutions- und Bibelforschung, kehren wir zurück zur Riemannschen Vermutung. Wir sind an der Stelle des komplexen Zahlenraums stehen geblieben, überspringen nun ein paar „unwesentliche" mathematische Details und kommen direkt zu dem Fazit, dass die Nullstellen der komplexen ζ-Funktion exakt auf einem *kritischen Strich* (hat natürlich nichts mit dem Bordsteinschwalben Milieu zu tun) parallel zur imaginären Zahlenachse liegen. Das lässt dann ohne langes Herumlavieren die Folgerung zu, dass Riemann die Grenzen des grauen Bereichs zwar nur hauchzart aber doch so entscheidend erweitert hat, dass unsere Treppenkurve niemals den von Riemann definierten Bereich verlassen wird – und niemals heißt niemals, also bis in alle Primzahlen Ewigkeit!

Das finale Diagramm und der Lohn der ganzen zuvor unternommenen Mühen zur Riemannschen Vermutung sieht wie folgt aus.

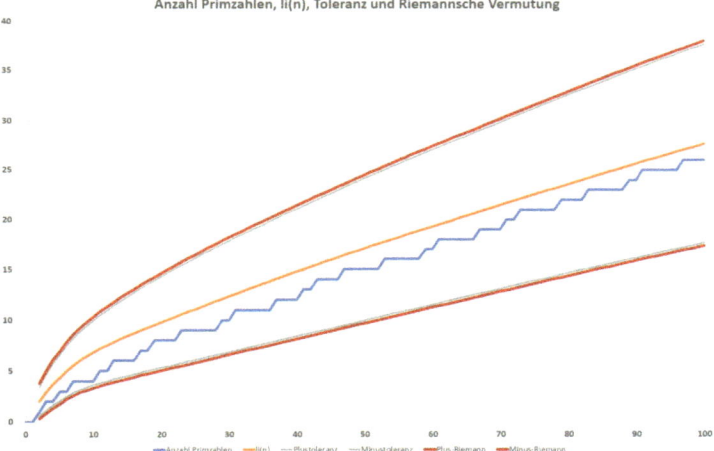

Kapitel 7 Der Gegenbeweis

Bei unserer Untersuchung einer möglichen Gesetzmäßigkeit von Primzahlen wenden wir eine Methode an, die bislang eher selten angewendet wurde. Diese besteht darin, dass wir alle natürlichen Zahlen, beginnend mit der 1, spiralförmig aufschreiben und die Primzahlen farblich (in dem Fall grün) markieren.

Als erster hat wohl der polnische Mathematiker *Stanislaw Marcin Ulam* diese Spirale während eines langweiligen naturwissenschaftlichen Vortrags (der Autor fühlt sich hier an seine Studienzeit erinnert) auf ein Blatt Karopapier gekritzelt. Deshalb ist diese Spirale Eingeweihten auch unter dem Namen **Ulam-Spirale** bekannt. Ulam war übrigens ein Mitarbeiter *Robert Oppenheimers* beim geheimen *Manhattan-Projekt* und er liebte es – quasi zur Entspannung von der stressigen Arbeit eines Entwicklers von Massenvernichtungswaffen – völlig frei mit Zahlen und Zahlenmustern zu spielen.

In dieser Spirale kann man sehr schöne Primzahlen Muster (grün markiert) erkennen, die teils horizontal oder vertikal, überwiegend aber diagonal verlaufen. Des Weiteren kann man erkennen, dass diese Spirale über eine gewisse Symmetrie verfügt (im unteren Bildausschnitt eingekastet) und dass es Zahlenreihen gibt, in der keine einzige Primzahl vorkommt (rot markiert). Leider gibt es keine Zahlenreihe, in der nur Primzahlen vorkommen, doch finden sich welche in denen Primzahlen überdurchschnittlich oft anzutreffen sind.

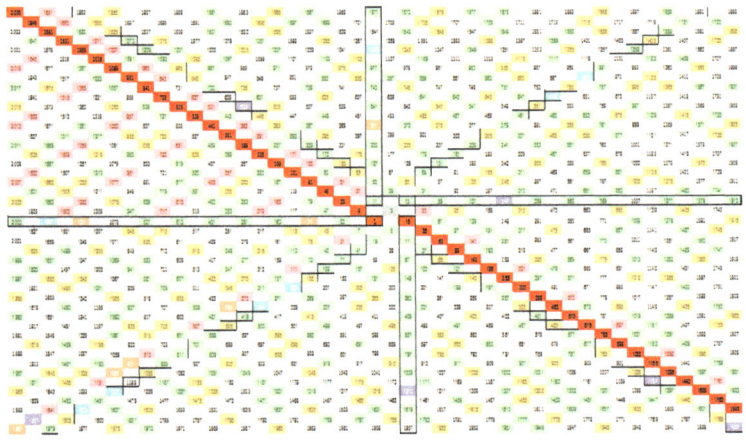

Bis heute hat niemand verstanden, warum es diese Symmetrien und Muster in der Ulam-Spirale gibt. Dem wollen wir hier Abhilfe schaffen und picken uns dazu einen "Ast" heraus, der aufgrund besonders vieler Primzahlen in dem ersten Zahlenbereich Anlass zu der Hoffnung gibt, dass sich in der logischen Fortsetzung der Zahlen viele weitere Primzahlen befinden.

2194	2011	1836	1669	1510	1359	1216	1081	954	835	724	621	526	439	360	289
2193	2010	1835	1668	1509	1358	1215	1080	953	834	723	620	525	438	359	288
2192	2009	1834	1667	1508	1357	1214	1079	952	833	722	619	524	437	358	287
2191	2008	1833	1666	1507	1356	1213	1078	951	832	721	618	523	436	357	286
2190	2007	1832	1665	1506	1355	1212	1077	950	831	720	617	522	435	356	285
2189	2006	1831	1664	1505	1354	1211	1076	949	830	719	616	521	434	355	284
2188	2005	1830	1663	1504	1353	1210	1075	948	829	718	615	520	433	354	283
2187	2004	1829	1662	1503	1352	1209	1074	947	828	717	614	519	432	353	282
2186	2003	1828	1661	1502	1351	1208	1073	946	827	716	613	518	431	352	281
2185	2002	1827	1660	1501	1350	1207	1072	945	826	715	612	517	430	351	280
2184	2001	1826	1659	1500	1349	1206	1071	944	825	714	611	516	429	350	279
2183	2000	1825	1658	1499	1348	1205	1070	943	824	713	610	515	428	349	278
2182	1999	1824	1657	1498	1347	1204	1069	942	823	712	609	514	427	348	277
2181	1998	1823	1656	1497	1346	1203	1068	941	822	711	608	513	426	347	276
2180	1997	1822	1655	1496	1345	1202	1067	940	821	710	607	512	425	346	275
2179	1996	1821	1654	1495	1344	1201	1066	939	820	709	606	511	424	345	274

Der Ast, den wir uns ausgesucht haben, beginnt mit der Zahl 289 (keine Primzahl, da das Produkt aus 17 mal 17) und setzt sich mit den Zahlen 359, 437, 523 und so weiter fort. Der Abstand zwischen den ersten zwei Zahlen beträgt 70 und nimmt von Zahl zu Zahl um 8 zu, also 78, 86, 94, und so weiter. Die 8 nimmt allein schon aufgrund der spiralförmigen Anordnung eine Sonderstellung ein und wir werden sie später in einer ganz bestimmten Primzahlreihe erneut als maßgeblich wiederfinden.

Wir tragen diesen Ast nun vertikal auf. Wie erwartet, sind die Nicht-Primzahlen stets das Produkt von zwei oder mehreren Primzahlen, wobei die kleinste Primzahl, die hier vorkommt, die 17 ist. Auch sonst kommt nur ein Teil aller Primzahlen vor. Das Erstaunliche ist jedoch, dass jede vorkommende Primzahl feste räumliche Zwischenabstände hat und diese fixen Zwischenabstände nur jeweils eine einzige Primzahl charakterisieren. Die 17 zum Beispiel kommt immer mit den Abständen 8-9-8-9... daher und die 23 mit 9-14-9-14 und so fort. Man kann quasi davon sprechen, dass jede hier vorkommende Primzahl eine ganz persönliche „ID-Nummer" hat, zum Beispiel hat die Primzahl 29 die ID-Nummer 11 und die Primzahl 103 die ID-Nummer 3. Die Primzahlen 17 und 19 stellen eine gewisse Ausnahme da – sie teilen sich beide die 8 als ID-Nummer.

289 =17*17	4439 =23*193	13589 =107*127
359	**4709** =17*277	**14059** =17*827
437 =19*23	4987	14537
523	5273	15023 =83*181
617	5567 =19*293	15517 =59*263
719	5869	16019 =83*193
829	6179 =37*167	16529
947	6497 =73*89	17047
1073 =29*37	6823	17573
1207 =17*71	**7157** =17*421	18107 =19*953
1349 =19*71	7499	**18649** =17*1097
1499	7849 =47*167	19199 =73*263
1657	8207 =29*283	19757 =23*859
1823	8573	20323
1997	8947 =23*389	20897
2179	9329 =19*491	21479 =47*457
2369 =23*103	9719	22069 =29*761
2567 =17*151	10117 =67*151	22667 =19*1193
2773 =47*59	**10523** =17*619	23273 =17*37*37
2987 =29*103	10937	23887
3209	11359 =37*307	24509
3439 =19*181	11789	25139 =23*1093
3677	12227	25777 =149*173
3923	12673 =19*23*29	26423
4177	13127	27077

17	8-9-8-9	77		137	
19	8-11-8-11	79		139	
23	9-14-9-14	83	2-81-2-81	143	
25		85		145	
29	11-18-11-18	89	36-53-36-53	149	63-86-63-86
31		91		151	25-126-25-126
35		95		155	
37	14-23-14-23	97		157	27-130-27-130
41		101		161	
43		103	3-100-3-100	163	26-137-26-137
47	18-29-18-29	107	44-63-44-63	167	5-162-5-162
49		109		169	
53		113		173	74-99-74-99
55		115		175	
59	23-36-23-36	119		179	
61		121		181	32-149-32-149
65		125		185	
67	0-67-0-67	127	53-74-53-74	187	
71	1-70-1-70	131	4-127-4-127	191	
73	29-44-29-44	133		193	30-163-30-163

Der nächste logische Schritt besteht darin, diese Primzahlen in der Reihenfolge ihrer ID-Nummern zu sortieren und zu schauen, welches Bild man damit erhält – in der Hoffnung irgendein Muster zu erkennen.

0	67	25	151	50		75	
1	71	26	163	51	283	76	
2	83	27	157	52	10883	77	1399
3	103	28		53	127	78	1061
4	131	29	73	54	11731	79	
5	167	30	193	55		80	
6	211	31	3911	56	12611	81	317
7	263	32	181	57	13063	82	457
8	17/19	33	4423	58	13523	83	1201
9	23	34		59	823	84	1489
10	467	35	4967	60		85	349
11	29	36	89	61	14951	86	199
12	643	37	241	62	15443	87	1597
13	743	38	5843	63	149	88	839
14	37	39	6151	64	16451	89	
15	967	40	223	65		90	
16	1091	41	6791	66	17491	91	
17	1223	42	419	67	269	92	
18	47	43	439	68	977	93	2039
19	1511	44	107	69	659	94	2083
20		45	8167	70	277	95	613
21	1831	46	449	71		96	
22		47	307	72	293	97	1019
23	59	48	9283	73		98	1327
24	2371	49	509	74	173	99	227

Leider findet man damit ein Bild vor, welches auf den ersten Blick sehr chaotisch aussieht. Nach einer tagelangen Grübelei findet man in diesem vermeintlichen Zahlensalat dann aber tatsächlich doch eine Ordnung, zum Beispiel die in der folgenden reduzierten Darstellung.

0		25		50		75	
1		26		51		76	
2		27		52		77	
3		28		53	127	78	
4		29	73	54		79	
5		30		55		80	
6		31		56		81	
7		32		57		82	
8	17/19	33		58		83	
9	23	34		59		84	
10		35		60		85	
11	29	36	89	61		86	199
12		37		62		87	
13		38		63	149	88	
14	37	39		64		89	
15		40		65		90	
16		41		66		91	
17		42		67		92	
18	47	43		68		93	
19		44	107	69		94	
20		45		70		95	
21		46		71		96	
22		47		72		97	
23	59	48		73		98	
24		49		74	173	99	227

Die farblich markierte Primzahlenreihe beginnt mit 17 und 19 wächst der Abstand der ID-Nummern von Primzahl zu Primzahl um jeweils ein Feld und der Wertabstand von Primzahl zu Primzahl erhöht sich um jeweils zwei, also vier zwischen 19 und 23, sechs zwischen 23 und 29, acht zwischen

29 und 37, und so weiter. Diese Reihe setzt sich unendlich lange fort (*Kokottsche Vermutung*).

Wir können in diesem Zahlenbereich aber noch weitere Primzahlenreihen finden, deren Logik allerdings ein wenig komplizierter ist, zum Beispiel diese Reihe:

0	**25**	151	50		75		
1	**26**	163	**51**	283	**76**	493
2	**27**	157	52		77		
3	28		53		78		
4	29		54		79		
5	**30**	193	55		80		
6	31		56		81		
7	**32**	181	57		**82**	457
8	33		58		83		
9	34		59		84		
10	35		**60**	391	85		
11	36		61		86		
12	**37**	241	62		87		
13	38		63		88		
14	39		64		89		
15	**40**	223	**65**	361	90		
16	41		66		91		
17	42		67		92		
18	43		68		93		
19	44		69		94		
20	45		70		**95**	613
21	46		71		96		
22	**47**	307	72		97		
23	48		73		98		
24	49		74		99		

Die Startzahl dieser Reihe ist die 151. Danach kommen immer "Pärchen", wobei der Feldabstand von Pärchen zu Pärchen immer um 2 zunimmt und der Feldabstand innerhalb der Pärchen sich um 1 vergrößert. Der Zahlenwert der ersten Zahl innerhalb eines Pärchens erhöht sich jeweils um achtzehn, beginnend mit 30, und der Zahlenwert der zweiten Zahl erhöht sich ebenfalls jeweils um achtzehn, beginnend mit 24. Auch diese Reihe setzt sich unendlich lange fort.

Leider besteht diese Reihe nicht nur aus Primzahlen, das gilt übrigens auch für die erste Zahlenreihe, vielmehr finden sich zwischendurch auch immer Nicht-Primzahlen (rote Schrift). Diese Nicht-Primzahlen kommen immer dann vor, wenn sich Zahlenreihen mit anderen Zahlenreihen überschneiden, ein Feld also doppelt oder mehrfach besetzt ist. Schade, denn sonst hätte der Autor so etwas wie den *Heiligen Gral* der Primzahlen gefunden!

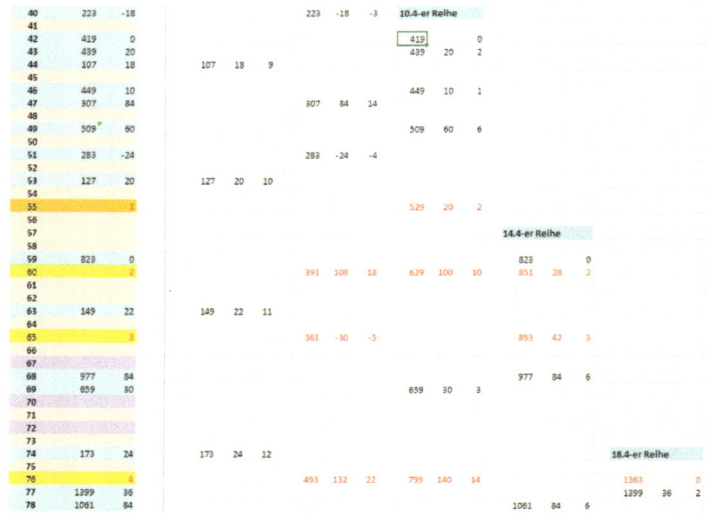

Es gibt aber auch Felder, die von keiner (Prim-) Zahl irgendeiner Zahlenreihe belegt sind. In diesen Feldern befindet sich tatsächlich immer eine Primzahl, welche auch zu einer, wenn auch untypischen, logischen Zahlenreihe gehört. Nennen wir diese Reihe mal die „Null-Reihe".

Diese Null-Reihe beginnt mit der Zahl 67 in der Zeile 0. Der Zahlenwert erhöht sich jeweils um acht (da ist sie wieder, die 8!), beginnend mit 4, und der Feldabstand beträgt immer eins. Die ersten Primzahlen dieser Reihe lauten also: 67, 71, 83, 103, 131, 167 und immer so fort. Jedoch, wie gesagt, wann immer ein Feld einmalig von einer anderen Zahlenreihe belegt ist, ist die entsprechende Zahl der Null-Reihe keine Primzahl.

0	67	0		67	
1	71	4		71	4
2	83	12		83	12	8
3	103	20		103	20	8
4	131	28		131	28	8
5	167	36		167	36	8
6	211	44		211	44	8
7	263	52		263	52	8
8		1		323	60	8
9		2		391	68	8
10	467	76		467	76	8
11		3		551	84	8
12	643	92		643	92	8
13	743	100		743	100	8
14		4		851	108	8
15	967	116		967	116	8
16	1091	124		1091	124	8
17	1223	132		1223	132	8
18		5		1363	140	8
19	1511	148		1511	148	8
20	1667	156		1667	156	8
21	1831	164		1831	164	8
22	2003	172		2003	172	8

Es gibt nur eine Null-Reihe aber unendlich viele „Pärchen-Reihen", schließlich gibt es ja auch unendlich viele Primzahlen, auch wenn sie nach dem weiter oben beschriebenen Primzahlsatz immer seltener werden. Tatsächlich gibt es auch zwischen diesen Zahlenreihen, man kann sie auch Systeme nennen, eine innere Logik, und sie lassen sich zu übergeordneten Reihen, nennen wir diese mal „Meta-Reihen", zusammenfassen. Allerdings werden diese im hohen Zahlenbereich immer komplexer. Nachfolgend sehen wir einige Beispiele solcher Meta-Reihen. Diese setzen sich sowohl nach rechts als auch nach unten unendlich weit fort.

Funfact am Rande: Würde man die erste Metareihe logisch nach oben verlängern, käme man bei den Startzahlen bei „1" an! Das ist insofern interessant, als dass es keinen logischen Grund dafür gibt, warum die „1" keine Primzahl ist – es ist eher eine Konvention.

System	Reihe	Startzahl	Delta 1	Delta 2	Startnummer	Delta 3	Delta 4	Abstand 1	Abstand 2	Hilfe 1	Hilfe 2	Abstand 1a	Abstand 1b
1/1	2	151		=17*2	25	25	=17*1	2	-1	siehe Delta	=2*Delta 4	6	-2
1/2	2	269	118		67	42	17	3	2	1	3	9	4
1/3	2	421	152	34	126	59	17	4	7	1	5	12	14
1/4	2	607	186	34	202	76	17	5	14	1	7	15	28
1/5	2	827	220	34	295	93	17	6	23	1	9	18	46
1/6	2	1081	254	34	405	110	17	7	34	1	11	21	68
1/7	2	1369	288	34	532	127	17	8	47	1	13	24	94
1/8	2	1691	322	34	676	144	17	9	62	1	15	27	124
1/9	2	2047	356	34	837	161	17	10	79	1	17	30	158
1/10	2	2437	390	34	1015	178	17	11	98	1	19	33	196

System	Reihe	Startzahl	Delta 1	Delta 2	Startnummer	Delta 3	Delta 4	Abstand 1	Abstand 2	Hilfe 1	Hilfe 2	Abstand 1a	Abstand 1b
2/1	4	419		=17*8	42	17	=17*0	1	3	siehe Delta	=2*Delta 4	3	6
2/3	4	823	404		59	17	0	1	5	0	2	3	10
2/5	4	1363	540	136	76	17	0	1	7	0	2	3	14
2/7	4	2039	676	136	93	17	0	1	9	0	2	3	18
2/9	4	2851	812	136	110	17	0	1	11	0	2	3	22
2/11	4	3799	948	136	127	17	0	1	13	0	2	3	26
2/13	4	4883	1084	136	144	17	0	1	15	0	2	3	30
2/15	4	6103	1220	136	161	17	0	1	17	0	2	3	34
2/17	4	7459	1356	136	178	17	0	1	19	0	2	3	38
2/19	4	8951	1492	136	195	17	0	1	21	0	2	3	42

System	Reihe	Startzahl	Delta 1	Delta 2	Startnummer	Delta 3	Delta 4	Abstand 1	Abstand 2	Hilfe 1	Hilfe 2	Abstand 1a	Abstand 1b
1/1	4	151			25		=67*1	2		-1	=4*Delta 4	=2*Delta 4	6	-2
2/1	4	419	268		42	17		1	3			3	6
3/1	4	821	402	134	176	134	117	8	5	7	2	24	10
4/1	4	1357	536	134	377	201	67	19	7	11	2	57	14
5/1	4	2027	670	134	645	268	67	34	9	15	2	102	18
6/1	4	2831	804	134	980	335	67	53	11	19	2	159	22
7/1	4	3769	938	134	1382	402	67	76	13	23	2	228	26
8/1	4	4841	1072	134	1851	469	67	103	15	27	2	309	30
9/1	4	6047	1206	134	2387	536	67	134	17	31	2	402	34
10/1	4	7387	1340	134	2990	603	67	169	19	35	2	507	38
11/1	4	8861	1474	134	3660	670	67	208	21	39	2	624	42
12/1	4	10469	1608	134	4397	737	67	251	23	43	2	753	46
13/1	4	12211	1742	134	5201	804	67	298	25	47	2	894	50
14/1	4	14087	1876	134	6072	871	67	349	27	51	2	1047	54

System	Reihe	Startzahl	Delta 1	Delta 2	Startnummer	Delta 3	Delta 4	Abstand 1	Abstand 2	Hilfe 1	Hilfe 2	Abstand 1a	Abstand 1b
1/2	8	269			67		=67*0	3	2		=2*Delta 4	9	4
3/2	8	1073	804		134	67		7	2	4	0	21	4
5/2	8	2413	1340	536	201	67	0	11	2	4	0	33	4
7/2	8	4289	1876	536	268	67	0	15	2	4	0	45	4
9/2	8	6701	2412	536	335	67	0	19	2	4	0	57	4
11/2	8	9649	2948	536	402	67	0	23	2	4	0	69	4
13/2	8	13133	3484	536	469	67	0	27	2	4	0	81	4
15/2	8	17153	4020	536	536	67	0	31	2	4	0	93	4
17/2	8	21709	4556	536	603	67	0	35	2	4	0	105	4
19/2	8	26801	5092	536	670	67	0	39	2	4	0	117	4
21/2	8	32429	5628	536	737	67	0	43	2	4	0	129	4
23/2	8	38593	6164	536	804	67	0	47	2	4	0	141	4
25/2	8	45293	6700	536	871	67	0	51	2	4	0	153	4

Reihe	Start	Diff Strt	A1	Diff A1	A2	Diff A2	Hilfe 1	Diff 1	Hilfe 2	Diff 2
3/2	134	151	7	6	2	6	3	2	5	6
4/3	461	327	21	14	13	11	8	5	18	13
5/4	939	478	41	20	30	17	15	7	37	19
6/5	1568	629	67	26	53	23	24	9	62	25
7/6	2348	780	99	32	82	29	35	11	93	31
8/7	3279	931	137	38	117	35	48	13	130	37
9/8	4361	1082	181	44	158	41	63	15	173	43
10/9	5594	1233	231	50	205	47	80	17	222	49
11/10	6978	1384	287	56	258	53	99	19	277	55
12/11	8513	1535	349	62	317	59	120	21	338	61
13/12	10199	1686	417	68	382	65	143	23	405	67
14/13	12036	1837	491	74	453	71	168	25	478	73
15/14	14024	1988	571	80	530	77	195	27	557	79
16/15	16163	2139	657	86	613	83	224	29	642	85
17/16	18453	2290	749	92	702	89	255	31	733	91
18/17	20894	2441	847	98	797	95	288	33	830	97
19/18	23486	2592	951	104	898	101	323	35	933	103
20/19	26229	2743	1061	110	1005	107	360	37	1042	109

Mit dem Wissen um diese logischen Zusammenhänge von Primzahlen und Primzahlenreihen sind wir nun auch noch in der Lage, einen neuartigen Primzahlfilter zu bauen. Durch das Nebeneinanderlegen von den ermittelten Primzahlenreihen entsteht eine wunderbare Übersicht, der Autor nennt diese den *Primzahlen-Atlas*. Darin sind alle Zahlen Primzahlen, bei denen die Trefferanzahl Null (0) beträgt, denn für diese gibt es keine Überschneidungen bei der Feldbelegung.

Nr.	Zahl	Treffer
159	101.191	1
160	102.467	1
161	103.751	1
162	105.043	3
163	106.343	3
164	107.651	1
165	108.967	0
166	110.291	0
167	111.623	0
168	112.963	1
169	114.311	0
170	115.667	3
171	117.031	1
172	118.403	1
173	119.783	0
174	121.171	0
175	122.567	2
176	123.971	1
177	125.383	0
178	126.803	1
179	128.231	2
180	129.667	1
181	131.111	0
182	132.563	1
183	134.023	1
184	135.491	1
185	136.967	1
186	138.451	0
187	139.943	0
188	141.443	0
189	142.951	1
190	144.467	1
191	145.991	0
192	147.523	1
193	149.063	1
194	150.611	0
195	152.167	1
196	153.731	1
197	155.303	0
198	156.883	2
199	158.471	1

Neben dem hier ausführlich beschriebenen „289er Ast" hat der Autor auch einige weitere Äste untersucht. Nur wenige haben ein ähnliches Verhalten wie der 289er Ast aufgezeigt aber einige dann doch. So hat zum Beispiel der „121er Ast" dieselben Primzahlenreihen wie der 289er Ast, nur komprimierter, das heißt die Abstände zwischen einzelnen Reihen sind kürzer.

	0	43		0	67/7027	
	1	47	4	1	71	4
	2	59	12	2	83	12
	3	79	20	3	103	20
	4	107	28	4	131	28
	5	11/13	0/2	5	167	36
	6	17	4	6	211	44
	7	239	52	7	263	52
	8	23	6	8	17/19	0/2
	9	367	68	9	23	4
	10	443	76	10	467	76
	11	31	8	11	29	6
	12	619	92	12	643	92
	13	719	100	13	743	100
	14	827	108	14	37	8
	15	41	10	15	967	116
	16	97	0	16	1091	124
	17	109	12	17	1223	132
	18	103	-6	18	47	10
	19			19	1511	148
	20	53	12	20	1667	156
	21	139	36	21	1831	164
	22			22	2003	172
	23	127	-12	23	59	12
	24			24	2371	188
	25			25	151	0
	26	67	14	26	163	12
	27	269	0	27	157	-6
	28	187	60	28		
	29			29	73	14
	30			30	193	36
	31	169	-18	31	3911	
	32			32	181	-12
	33	83	16	33	4423	
	34	359	60	34		
	35			35	4967	
	36			36	89	16
	37			37	241	60
529/0	38	253	84	38	5843	
	39	557	28	39	6151	
	40	379	20	40	223	-18
	41	101	18	41	6791	
	42	229	-24	42	419	0
	43	173		43	439	20

Am faszinierendsten aber ist der „1681er Ast". Auch er hat dieselben Primzahlenreihen wie der 289er Ast nur diesmal gedehnter. Außerdem ist der ganze Ast voller Primzahlen und die Umsetzung in Primzahlenreihen ergibt eine Folge von mehr als 200 Primzahlen am Stück!

	A	B	C
1		1681	41*41
2	166	1847	
3	174	2021	43*47
4	182	2203	
5	190	2393	
6	198	2591	
7	206	2797	
8	214	3011	
9	222	3233	53*61
10	230	3463	
11	238	3701	
12	246	3947	
13	254	4201	
14	262	4463	
15	270	4733	
16	278	5011	
17	286	5297	
18	294	5591	
19	302	5893	71*83
20	310	6203	
21	318	6521	
22	326	6847	41*167
23	334	7181	43*167
24	342	7523	
25	350	7873	
26	358	8231	
27	366	8597	
28	374	8971	
29	382	9353	47*199
30	390	9743	
31	398	10141	
32	406	10547	53*199
33	414	10961	97*113
34	422	11383	
35	430	11813	
36	438	12251	
37	446	12697	
38	454	13151	
39	462	13613	
40	470	14083	
41	478	14561	
42	486	15047	41*367
43	494	15541	

	0	163	
	1	167	4
	2	179	12
	3	199	20
	4	227	28
	5	263	36
	6	307	44
	7	359	52
	8	419	60
	9	487	68
	10	563	76
	11	647	84
	12	739	92
	13	839	100
	14	947	108
	15	1063	116
	16	1187	124
	17	1319	132
	18	1459	140
	19	1607	148
156	20	41/43	0/2
164	21	47	4
172	22	2099	
180	23	53	6
188	24	2467	
196	25	2663	
204	26	61	8
212	27	3079	
220	28	3299	
228	29	3527	
236	30	71	10
244	31	4007	
252	32	4259	
260	33	4519	
268	34	4787	
276	35	83	12
284	36	5347	
292	37	5639	
300	38	5939	
308	39	6247	
316	40	6563	
324	41	97	14
332	42	7219	
340	43	7559	
348	44	7907	
356	45	8263	
364	46	8627	
372	47	8999	
380	48	113	16
388	49	9767	
396	50	10163	

404	**51**	10567	
412	**52**	10979	
420	**53**	11399	
428	**54**	11827	
436	**55**	12263	
444	**56**	131	18
452	**57**	13159	
460	**58**	13619	
468	**59**	14087	
476	**60**	14563	
484	**61**	367	0
492	**62**	379	12
500	**63**	373	-6
508	**64**	16547	
516	**65**	151	20
524	**66**	409	36
532	**67**	18119	
540	**68**	397	-12
548	**69**	19207	
556	**70**	19763	
564	**71**	20327	
572	**72**	20899	
580	**73**	457	60
588	**74**	22067	
596	**75**	173	22
604	**76**	439	-18
612	**77**	23879	
620	**78**	24499	
628	**79**	25127	
636	**80**	25763	
644	**81**	26407	
652	**82**	27059	
660	**83**	523	84
668	**84**	28387	
676	**85**	29063	
684	**86**	197	24
692	**87**	499	-24
700	**88**	31139	
708	**89**	31847	
716	**90**	32563	
724	**91**	33287	
732	**92**	34019	
740	**93**	34759	
748	**94**	35507	
756	**95**	36263	
764	**96**	607	108
772	**97**	37799	
780	**98**	223	26
788	**99**	39367	
796	**100**	40163	

804	101	577	-30
812	102	1019	0
820	103	1039	20
828	104	43427	
836	105	44263	
844	106	1049	10
852	107	45959	
860	108	46819	
868	109	1109	60
876	110	48563	
884	111	251	28
892	112	709	132
900	113	51239	
908	114	52147	
916	115	1129	20
924	116	53987	
932	117	54919	
940	118	673	-36
948	119	56807	
956	120	1229	100
964	121	58727	
972	122	59699	
980	123	60679	
988	124	61667	
996	125	281	30
1004	126	63667	
1012	127	64679	
1020	128	65699	
1028	129	1259	30
1036	130	67763	
1044	131	829	156
1052	132	69859	
1060	133	70919	
1068	134	71987	
1076	135	73063	
1084	136	1399	140
1092	137	75239	
1100	138	787	-42
1108	139	77447	
1116	140	313	32
1124	141	79687	
1132	142	80819	
1140	143	1999	0
1148	144	2027	28
1156	145	84263	
1164	146	85427	
1172	147	86599	
1180	148	1439	40
1188	149	2069	42
1196	150	90163	

1204	**151**	91367	
1212	**152**	2153	84
1220	**153**	967	180
1228	**154**	95027	
1236	**155**	96263	
1244	**156**	347	34
1252	**157**	1619	180
1260	**158**	100019	
1268	**159**	101287	
1276	**160**	102563	
1284	**161**	919	-48
1292	**162**	2237	84
1300	**163**	653	0
1308	**164**	107747	
1316	**165**	109063	
1324	**166**	661	8
1332	**167**	2377	140
1340	**168**	677	16
1348	**169**	114407	
1356	**170**	115763	
1364	**171**	117127	
1372	**172**	1669	50
1380	**173**	383	36
1388	**174**	121267	
1396	**175**	122663	
1404	**176**	124067	
1412	**177**	701	24
1420	**178**	1123	204
1428	**179**	128327	
1436	**180**	129763	
1444	**181**	733	32
1452	**182**	2503	126
1460	**183**	1889	220
1468	**184**	3307	0
1476	**185**	3343	36
1484	**186**	138547	
1492	**187**	1069	-54
1500	**188**	141539	
1508	**189**	2699	196
1516	**190**	144563	
1524	**191**	421	38
1532	**192**	3433	90
1540	**193**	149159	
1548	**194**	150707	
1556	**195**	3541	108
1564	**196**	773	40
1572	**197**	155399	
1580	**198**	156979	
1588	**199**	158567	
1596	**200**	160163	

1604	**201**	1949	60				
1612	**202**	821	48				
1620	**203**	164999					
1628	**204**	166627					
1636	**205**	168263					
1644	**206**	1297	228				
1652	**207**	171559					
1660	**208**	173219					
1668	**209**	2867	168	3721	180		
1676	**210**	461	40				
1684	**211**	178247					
1692	**212**	179939					
1700	**213**	181639					
1708	**214**	2209	260	3901	180		
1716	**215**	185063					
1724	**216**	1237	-60				
1732	**217**	188519					
1740	**218**	3119	252				
1748	**219**	192007					
1756	**220**	193763					
1764	**221**	195527					
1772	**222**	197299					
1780	**223**						
1788	**224**	200867					
1796	**225**	4943	0				
1804	**226**	4987	44				
1812	**227**	206279					
1820	**228**	208099					
1828	**229**	209927					
1836	**230**	503	42				
1844	**231**						
1852	**232**	215459					
1860	**233**	217319					
1868	**234**	219187					
1876	**235**	2279	70	4171	270	5141	154
1884	**236**	222947					
1892	**237**	1489	252				
1900	**238**	5273	132				
1908	**239**	228647					
1916	**240**	230563					
1924	**241**	232487					
1932	**242**	4423	252				
1940	**243**	3329	210				
1948	**244**	238307					
1956	**245**	240263					
1964	**246**	242227					
1972	**247**	244199					
1980	**248**	1423	-66				
1988	**249**	248167					
1996	**250**	2579	300				
2004	**251**	547	44				

Der Grund für die vielen Primzahlen im Ast ist darin zu finden, dass die Zahl 41 der kleinste Primfaktor ist. Dadurch sind die Abstände zwischen zwei Nicht-Primzahlen durchschnittlich einfach größer.

Bei den Primzahlenfolgen kommt es neben dem Effekt der Dehnung auch noch zu sehr wenigen Überschneidungen zwischen den einzelnen Reihen, deshalb die sehr lange ununterbrochene Folge von über 200 Primzahlen. An der 223. und 231. Stelle gibt es einen seltenen Leerstand – vergleichbar mit dem seltenen Leerstand auf dem Wohnungsmarkt in München. Vielleicht handelt es sich aber auch um „Primzahl-Mietnomaden", die sich noch nicht zu erkennen gegeben haben.

Kapitel 8   Die Goldbachsche Vermutung

Wer *A* sagt muss auch *B* sagen. Wer Riemann widerspricht kann also auch Goldbach nicht kommentarlos davonkommen lassen. Dieser hat in einem Brief an Euler vom 7. Juni 1742 (genaue Uhrzeit leider unbekannt) die Vermutung geäußert, dass alle geraden Zahlen aus der Summe von zwei Primzahlen zusammengesetzt werden können. Damit hat er sich nicht sehr weit aus dem Fenster gelehnt, denn man erkennt schon nach kürzester Zeit, dass die Zahl der möglichen Kombinationen sehr schnell zunimmt und es somit höchst unwahrscheinlich ist, dass man bei hohen geraden Zahlen keine einzige solcher Paarungen findet.

$4 = 2 + 2$

$6 = 3 + 3$

$8 = 3 + 5$

$10 = 3 + 7; 5 + 5$

$12 = 5 + 7$

$14 = 3 + 11; 7 + 7$

$16 = 3 + 13; 5 + 11$

$18 = 5 + 13; 7 + 11$

$20 = 3 + 17; 7 + 13$

$22 = 3 + 19; 5 + 17; 11 + 11$

...

$100 = 3 + 97; 11 + 89; 17 + 83; 29 + 71; 41 + 59; 47 + 53$

...

$1000 = 3 + 997; 17 + 983; 23 + 977; 29 + 971; 47 + 953;$
$53 + 947; 59 + 941; 71 + 929; 89 + 911; 113 + 887;$
$137 + 863; 173 + 827; 179 + 821; 191 + 809;$
$227 + 773; 239 + 761; 257 + 743; 281 + 719;$
$317 + 683; 347 + 653; 353 + 647; 359 + 641;$
$383 + 617; 401 + 599; 431 + 569; 443 + 557;$
$479 + 521; 481 + 509$

Trotz des Offensichtlichen ist die *Goldbachsche Vermutung* bis zum heutigen Tage unbewiesen. Das dürfte auch daran liegen, dass man von einer chaotischen Primzahlenverteilung ausgeht und wie soll man Chaos beweisen können! Als Neuerung machen wir uns hier die Erkenntnisse aus dem vorherigen Kapitel zu Nutze und verwenden für unsere Untersuchung nur Primzahlen aus den uns bekannten Primzahlenreihen. Dabei tritt im unteren Bereich natürlich ein Problem auf, da unsere Primzahlen erst mit 17 beginnen. Diesen Mangel beheben wir durch das Hinzufügen der berühmten Mersenne-Primzahlen, die ja ebenfalls berechenbar sind.

Der Autor hat mit dieser (um etwa 50 Prozent gegenüber der Menge aller Primzahlen) reduzierten Anzahl von Primzahlen alle Kombinationen bis einschließlich 5000 überprüft. Dabei sind leider zwei Zahlen vorgekommen, für die die Goldbach-Vermutung nicht zutraf, nämlich *1742* und *3484*. Bei der ersten Zahl hätten unter anderem die zusätzlichen Primzahlen 43, 79, 163 oder 193 weitergeholfen, bei der zweiten 113, 137, 233 oder 281. Trotz der Mersenne Ergänzung gibt es also immer noch ein (kleines) Problem im unteren Bereich des Zahlenstrahls und es gilt mindestens ein oder zwei weitere logische Primzahlenreihen zu finden. Dann wären vermutlich alle geraden Zahlen aus der Summe von zwei berechenbaren Primzahlen darstellbar und Mathematiker hätten eine viel bessere Basis für den Beweis der *Goldbachschen Vermutung*. Die Tage der Unbeweisbarkeit scheinen also gezählt!

123		1399	1402	1428	1436	1444	1460	1488	1502	1512	1522	1536	1558
124	1742	1423	1426	1434	1440	1458	1484	1500	1508	1516	1528	1548	1570
125		1429	1432	1438	1454	1482	1496	1506	1512	1522	1540	1560	1614
126	19	1433	1436	1452	1478	1494	1502	1510	1518	1534	1552	1604	1644
127	1723	1447	1450	1476	1490	1500	1506	1516	1530	1546	1596	1634	1648
128		1471	1474	1488	1496	1504	1512	1528	1542	1590	1626	1638	1656
129	43	1483	1486	1494	1500	1510	1524	1540	1586	1620	1630	1646	1674
130	1699	1489	1492	1498	1506	1522	1536	1584	1616	1624	1638	1664	1684
131		1493	1496	1504	1518	1534	1580	1614	1620	1632	1656	1674	1704
132	73	1499	1502	1516	1530	1578	1610	1618	1628	1650	1666	1694	1710
133	1669	1511	1514	1528	1574	1608	1614	1626	1646	1660	1686	1700	1714
134		1523	1526	1572	1604	1612	1622	1644	1656	1680	1692	1704	1744
135	79	1567	1570	1602	1608	1620	1640	1654	1676	1686	1696	1734	1746
136	1663	1597	1600	1606	1616	1618	1650	1674	1682	1690	1726	1736	1806
137		1601	1604	1614	1634	1648	1670	1680	1686	1720	1728	1796	1824
138	163	1609	1612	1632	1644	1668	1676	1684	1716	1722	1788	1814	1836
139	1579	1627	1630	1642	1664	1674	1680	1714	1718	1782	1806	1826	1848
140		1637	1640	1662	1670	1678	1710	1716	1778	1800	1818	1838	1870
141	193	1657	1660	1668	1674	1708	1712	1776	1796	1812	1830	1860	1878
142	1549	1663	1666	1672	1704	1710	1772	1794	1808	1824	1852	1868	1918
143		1667	1670	1702	1706	1770	1790	1806	1820	1846	1860	1908	1920
144		1697	1700	1704	1766	1788	1802	1818	1842	1854	1900	1910	1924
145		1699	1702	1764	1784	1800	1814	1840	1850	1894	1902	1914	1948
146		1759	1762	1782	1796	1812	1836	1848	1890	1896	1906	1938	1960
147		1777	1780	1794	1808	1834	1844	1888	1892	1900	1930	1950	1978

231		3041	3044	3084	3090	3130	3134	3154	3182	3226	3238	3254	3298
232	3484	3079	3082	3088	3126	3132	3150	3180	3222	3232	3246	3288	3300
233		3083	3086	3124	3128	3148	3176	3220	3228	3240	3280	3290	3318
234	17	3119	3122	3126	3144	3174	3216	3226	3236	3274	3282	3308	3346
235	3467	3121	3124	3142	3170	3214	3222	3234	3270	3276	3300	3336	3354
236		3137	3140	3168	3210	3220	3230	3268	3272	3294	3328	3344	3366
237	23	3163	3166	3208	3216	3228	3264	3270	3290	3322	3336	3356	3370
238	3461	3203	3206	3214	3224	3262	3266	3288	3318	3330	3348	3360	3390
239		3209	3212	3222	3258	3264	3284	3316	3326	3342	3352	3380	3394
240	71	3217	3220	3256	3260	3282	3312	3324	3338	3346	3372	3384	3406
241	3413	3251	3254	3258	3278	3310	3320	3336	3342	3366	3376	3396	3418
242		3253	3256	3276	3306	3318	3332	3340	3362	3370	3388	3408	3420
243	113	3271	3274	3304	3314	3330	3336	3360	3366	3382	3400	3410	3436
244	3371	3299	3302	3312	3326	3334	3356	3364	3378	3394	3402	3426	3480
245		3307	3310	3324	3330	3354	3360	3376	3390	3396	3418	3470	3504
246	137	3319	3322	3328	3350	3358	3372	3388	3392	3412	3462	3494	3546
247	3347	3323	3326	3348	3354	3370	3384	3390	3408	3456	3486	3536	3564
248		3343	3346	3352	3366	3382	3386	3406	3452	3480	3528	3554	3580
249	233	3347	3350	3364	3378	3384	3402	3450	3476	3522	3546	3570	3604
250	3251	3359	3362	3376	3380	3400	3446	3474	3518	3540	3562	3594	3654
251		3371	3374	3378	3396	3444	3470	3516	3536	3556	3586	3644	3660
252	263	3373	3376	3394	3440	3468	3512	3534	3552	3580	3636	3650	3684
253	3221	3389	3392	3438	3464	3510	3530	3550	3576	3630	3642	3674	3690
254		3433	3436	3462	3506	3528	3546	3574	3626	3636	3666	3680	3720
255	281	3457	3460	3504	3524	3544	3570	3624	3632	3660	3672	3710	3724
256	3203	3499	3502	3522	3540	3568	3620	3630	3656	3666	3702	3714	3738
257		3517	3520	3538	3564	3618	3626	3654	3662	3696	3706	3728	3748

Kapitel 8½   Der kürzeste Beweis der Welt

Die Riemannsche Vermutung zählt, wie schon erwähnt, zu den sogenannten *Millennium Problemen* der Mathematik. Eine andere Herausforderung in dieser exklusiven Kleingruppe ist das *P-NP Problem*. Diese Challenge betrifft die theoretische Informatik und beschäftigt nicht wenige sehr kluge Köpfe seit Beginn der 1970er Jahre.

Ausgangspunkt ist die Frage, ob es für alle Probleme, die man schnell überprüfen kann, auch einen Algorithmus gibt, der das entsprechende Problem schnell lösen kann. Zum Beispiel kann man schnell überprüfen, dass die Zahl 73 die 21ste Primzahl ist, aber gibt es einen Algorithmus, der die 73ste Primzahl in einer sehr kurzen Zeit ermitteln kann?

Nach Meinung des Autors muss es Probleme geben, für die es keine schnelle Lösung gibt und der „Beweis" dafür ist so kurz, dass dieses Kapitel keine ganze Nummer verdient hat. Algorithmen können nämlich nur dann eine Lösung beschleunigen, wenn es ein Muster (zum Beispiel eine Periodizität) bei dem untersuchten Problem gibt. Rationale Zahlen (z. B. 7/3) haben immer eine solche Periodizität, irrationale Zahlen (z. B. π) jedoch nie. Es kann somit keinen Algorithmus geben, der etwa die 73. Nachkommastelle von π innerhalb einer kurzen Zeitspanne ermitteln kann. Die linke Seite der unteren Grafik ist also richtig, die rechte ist falsch.

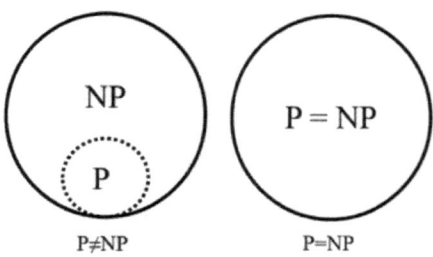

Kapitel 9   Der Große Satz von Fermat

Kommen wir, fast am Ende unseres kleinen Büchleins, zu etwas völlig anderem. Keine Angst, es geht immer noch um Mathematik und Zahlentheorie, nur mit Primzahlen hat es nichts zu tun. Der Grund, warum wir uns hier dennoch kurz damit befassen, ist die Bewunderung des Autors für einen ganz bestimmten Mathematiker und die nette Hintergrundgeschichte, die mit diesem Thema verbunden ist. Es geht um *Pierre de Fermat*, der zwischen 1607 und 1665 in Frankreich lebte und seinen *Großen Satz*.

Fermat war von Beruf Jurist und betrieb Mathematik ausschließlich als Hobby nach dem Feierabend. Dabei „arbeitete" er unter anderem systematisch ein Buch namens *Arithmetica* des großen griechischen Mathematikers Diophant durch, wobei er seine genialen Ideen zu bestimmten Themen am Seitenrand notierte. Beim Kapitel über *Polynome* (ein Polynom ist eine Summe von Termen, die jeweils Produkte einer Zahl mit einer Potenz sind, also zum Beispiel: $a + b*x + c*x^2$) schrieb er bei einem ungelösten Problem an den Rand: „Ich habe hierfür einen wahrhaft wunderbaren Beweis entdeckt, doch ist dieser Rand hier zu schmal, um ihn zu fassen". Noch bevor er ein etwas größeres leeres Blatt Papier finden konnte, verstarb Fermat gemeinerweise und hinterließ damit der mathematischen Nachwelt eine Herausforderung, die etwa 350 Jahre lang selbst von den allerklügsten Köpfen nicht gelöst werden konnte.

Erst im Sommer 1993 stellte ein bis dahin kaum bekannter Professor namens Andrew Wiles auf einem Workshop in England die mutmaßliche Lösung vor. Sein Beweis hatte einen Umfang von knapp 100 Seiten (wie viele Fermatsche Seitenränder das wohl wären?), glich einem wilden Ritt durch zahlreiche Bereiche der Mathematik und war selbst für viele

Mathe Profis nicht nachvollziehbar. Vermutlich auch deshalb dauerte es ein wenig, bis ein Fehler in der Beweisführung entdeckt wurde. Zum Glück für Wiles – und die gesamte Gilde der Mathematiker – konnte dieser jedoch innerhalb von ein paar Monaten erfolgreich behoben werden und so erschien schließlich der korrekte Beweis 1995 in der Fachzeitschrift *Annals of Mathematics*.

Das also die Hintergrundgeschichte, aber über welche von Fermat aufgestellte und von Wiles bewiesene Vermutung reden wir hier eigentlich? Nun, es geht um die Aussage, dass die n-te Potenz keiner positiven ganzen Zahl in die Summe zweier ebensolcher Potenzen zerlegt werden kann, wobei n eine natürliche Zahl größer als 2 ist.

$$a^n + b^n \neq c^n \quad [n > 2]$$

Da dem Autor die Behauptung Fermats, es gäbe einen sehr viel kürzeren Beweis, nicht aus dem Kopf gehen will, versuchen wir nun hier eine Begründung für die Richtigkeit der Aussage aufgrund von möglichst kurzen (aber logischen) zahlentheoretischen Überlegungen anzustellen – und das Ganze auch noch unter der Prämisse, dass es selbst von Menschen ohne Matura nachvollzogen werden kann. Dazu schauen wir uns aber zunächst den Fall an, für den die Behauptung nicht stimmt: n = 2. Es handelt sich hierbei im Grunde um den *Satz des Pythagoras*: $a^2 + b^2 = c^2$. Oder in Worten ausgedrückt: bei einem rechtwinkligen Dreieck ist die Summe der Quadrate der beiden angrenzenden Katheten immer gleich dem Quadrat der Hypotenuse.

Hierzu tragen wir verschieden Kombinationen von a, b und c in einer Tabelle auf, wobei die Abstände zwischen a, b und c in waagrechter Richtung gleich bleiben, während sich in senkrechter Richtung die Abstände zwischen a und b jeweils um 1 erhöhen. Wenn man das tut, ergeben sich diagonale Reihen mit geraden Restwerten, deren Wert sich um jeweils 2 erhöht (von links oben nach rechts unten betrachtet). Daraus folgt zwangsläufig, dass jede dieser Diagonalreihen genau eine „Nullstelle" besitzt, für die also $a^n + b^n = c^n$ gilt. In der Summe gibt es also unendlich viele „Positivergebnisse", da es ja auch unendlich viele dieser Diagonalreihen gibt. Mathematiker nennen diese Lösungen – zum Beispiel: a = 4, b = 3, c = 5 – auch **pythagoräische Tripel**.

$a^2 + b^2 = c^2$

a =	1	2	3	4	5	6	7	8	9	10	11	12
b =	0	1	2	3	4	5	6	7	8	9	10	11
c =	1	3	4	5	6	7	8	9	10	11	12	13
Δ =	0	4	3	0	-5	-12	-21	-32	-45	-60	-77	-96
	1	2	3	4	5	6	7	8	9	10	11	12
	0	0	1	2	3	4	5	6	7	8	9	10
	1	3	4	5	6	7	8	9	10	11	12	13
	0	5	6	5	2	-3	-10	-19	-30	-43	-58	-75
	1	2	3	4	5	6	7	8	9	10	11	12
	0	-1	0	1	2	3	4	5	6	7	8	9
	1	3	4	5	6	7	8	9	10	11	12	13
	0	4	7	8	7	4	-1	-8	-17	-28	-41	-56
	1	2	3	4	5	6	7	8	9	10	11	12
	0	-2	-1	0	1	2	3	4	5	6	7	8
	1	3	4	5	6	7	8	9	10	11	12	13
	0	1	6	9	10	9	6	1	-6	-15	-26	-39
	1	2	3	4	5	6	7	8	9	10	11	12
	0	-3	-2	-1	0	1	2	3	4	5	6	7
	1	3	4	5	6	7	8	9	10	11	12	13
	0	-4	3	8	11	12	11	8	3	-4	-13	-24
	1	2	3	4	5	6	7	8	9	10	11	12
	0	-4	-3	-2	-1	0	1	2	3	4	5	6
	1	3	4	5	6	7	8	9	10	11	12	13
	0	-11	-2	5	10	13	14	13	10	5	-2	-11
	1	2	3	4	5	6	7	8	9	10	11	12
	0	-5	-4	-3	-2	-1	0	1	2	3	4	5
	1	3	4	5	6	7	8	9	10	11	12	13
	0	-20	-9	0	7	12	15	16	15	12	7	0

Als nächstes sehen wir uns diese Polynome mit n = 3 an, wobei die Auftragung in unserer Tabelle derselben Systematik folgt wie weiter oben für n = 2 beschreiben.

$a^3 + b^3 = c^3$

a	1	2	3	4	5	6	7	8	9	10	11	12
b	0	1	2	3	4	5	6	7	8	9	10	11
c	1	3	4	5	6	7	8	9	10	11	12	13
Δ	0	18	29	34	27	2	-47	-126	-241	-398	-603	-862
	1	2	3	4	5	6	7	8	9	10	11	12
	0	0	1	2	3	4	5	6	7	8	9	10
	1	3	4	5	6	7	8	9	10	11	12	13
	0	19	36	53	64	63	44	1	-72	-181	-332	-531
	1	2	3	4	5	6	7	8	9	10	11	12
	0	-1	0	1	2	3	4	5	6	7	8	9
	1	3	4	5	6	7	8	9	10	11	12	13
	0	20	37	60	83	100	105	92	55	-12	-115	-260
	1	2	3	4	5	6	7	8	9	10	11	12
	0	-2	-1	0	1	2	3	4	5	6	7	8
	1	3	4	5	6	7	8	9	10	11	12	13
	0	27	38	61	90	119	142	153	146	115	54	-43
	1	2	3	4	5	6	7	8	9	10	11	12
	0	-3	-2	-1	0	1	2	3	4	5	6	7
	1	3	4	5	6	7	8	9	10	11	12	13
	0	46	45	62	91	126	161	190	207	206	181	126
	1	2	3	4	5	6	7	8	9	10	11	12
	0	-4	-3	-2	-1	0	1	2	3	4	5	6
	1	3	4	5	6	7	8	9	10	11	12	13
	0	83	64	69	92	127	168	209	244	267	272	253
	1	2	3	4	5	6	7	8	9	10	11	12
	0	-5	-4	-3	-2	-1	0	1	2	3	4	5
	1	3	4	5	6	7	8	9	10	11	12	13
	0	144	101	88	99	128	169	216	263	304	333	344

Wie erwartet finden wir keine einzige „Nullstelle". Um zu erforschen, warum das so ist, schauen wir uns die Systematik innerhalb dieser Diagonalreihen an. Dabei stellen wir fest, dass die Abstände innerhalb einer Diagonalreihe nicht mehr konstant sind (wie bei n = 2), sondern sich stetig um den Wert 6 erhöhen. Schauen wir uns die Abstände von Diagonalreihe zu Diagonalreihe an, so erhöhen sich diese um den Wert 48.

Das spricht alles noch nicht gegen das Vorhandensein von Nullstellen. Der entscheidende Punkt ist aber, dass die „Startzahlen" der Diagonalreihen (-2, -26, -98, -218, -386, -602, -866, usw.) allesamt nicht durch 6 teilbar sind und es deshalb zu keinen Nullstellen kommen kann!

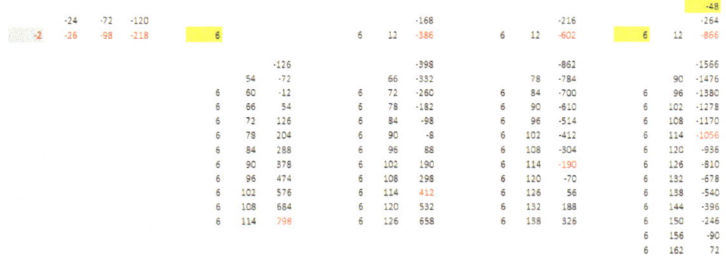

Bei n = 4 finden wir als „erste Startzahl" die 270 und die Differenz zu allen weiteren Startzahlen beträgt ein Vielfaches von 24. Da die 270 nicht ganzzahlig durch 24 teilbar ist, gibt es also auch für n = 4 keine ganzzahlige(n) Lösung(en) für die Gleichung: $a^4 + b^4 = c^4$.

Für n = 5 finden wir schließlich -12 als „erste Startzahl" und Vielfache von 120 als Differenz zu allen anderen Startzahlen. Auch hier ist -12 nicht ganzzahlig durch 120 teilbar. Ergo, es gibt keine Positivergebnisse für $a^5 + b^5 = c^5$.

Ob der hier vorgestellte „Diagonalbeweis" (eigentlich eine proprietäre Erfindung von Georg Cantor, dem Vater der *Mengenlehre*) auch für höhere Potenzen zutrifft? Finden Sie es selbst heraus. Sie wissen ja jetzt, wie das geht!

Kapitel 10 Über die Zucht von Kaninchen

Nein, der Autor hat nichts Bewusstsein erweiterndes geraucht als er sich Gedanken über das nun folgende Kapitel und dessen Überschrift gemacht hat. Vielmehr wollte er dem Leser nochmal Appetit machen – nicht nur auf tierische Proteine, sondern auch auf einen weiteren mathematischen Leckerbissen!

Kaninchen gehören in vielen Küchen seit Tausenden von Jahren auf den Speisezettel. Vor allem für viele Spanier sind Kaninchen in etwa das, was Wildschweine für Asterix und Obelix bedeutet haben: das absolute Leibgericht. Nicht umsonst heißt Spanien wörtlich „Kaninchenland", auch wenn dies irrtümlich ca. 1000 Jahre vor Christi Geburt durch eine Horde offensichtlich stark benebelter Phönizier geschah, welche die spanischen Kaninchen mit den eigenen fetten Wildratten namens *Saphan* verwechselten. Jahrhunderte später verunstalteten Römer den phönizischen Namen *i-saphan-im* zu *Hispania*, den das Land der Kaninchen bis heute behalten durfte.

Eingang in die Mathematik fanden Kaninchen um das Jahr 1200 n. Chr. herum, als der Vorsitzende des lokalen Züchtervereins und Rechenmeister der Stadt Pisa sich Gedanken über die Entwicklung einer Kaninchenpopulation machte. Dazu nahm er an, dass ein junges Paar an einen Ort ausgesetzt wird, an dem es keine anderen Kaninchen gibt. Dieses Paar produziert (unter Idealbedingungen) jeden Monat ein weiteres Kaninchenpaar, welches seinerseits im Monatsrhytmus neue Kaninchenpaare auf die Welt bringt. Im Verlauf von nur wenigen Monaten kommt es an diesem Ort dadurch natürlich zu einer massenhaften Ausbreitung von Kaninchen. Diese lässt sich bildlich wie folgt darstellen:

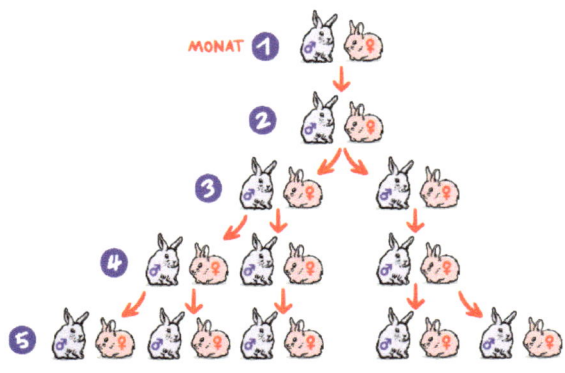

Man erkennt schnell, dass die Ausbreitung einer logischen Zahlenfolge nach der Gleichung $A_m = A_{m-1} + A_{m-2}$ folgt. Die Anzahl der Kaninchenpaare im 5. Monat ist also 3 (Anzahl im 4. Monat) plus 2 (Anzahl im 3. Monat) = 5.

Diese Zahlenfolge (1, 1, 2, 3, 5, 8, 13, 21, 34, 55, ...) ist die berühmteste Zahlenreihe in der gesamten Mathematik und sie wurde nach dem schon erwähnten Zucht- und Rechenmeister der Stadt Pisa benannt: **Fibonacci**, der eigentlich Leonardo da Pisa hieß. Fibonacci Zahlen findet man heutzutage in der Chartanalyse von Aktienkursen (das *Elliott-Wellen-Prinzip*) genauso wieder wie in der Abschätzung von Risiken und außerdem bei ganz vielen weiteren Anwendungen, da ihnen eine gewisse „magnetische" Wirkung nachgesagt wird. Angeblich sind sie sogar der Urquell aller Ästhetik, denn wenn man den Quotienten aus zwei aufeinanderfolgenden Fibonacci Zahlen bildet, gelangt man zum sogenannten **Goldenen Schnitt**, der Mutter aller begehrten Seitenverhältnisse von Rechtecken, und einer äußerst *irrationalen Zahl* (eine Zahl, deren Nachkommastellen keine periodische Wiederholung erkennen lassen), deren Größe 1,6180... beträgt.

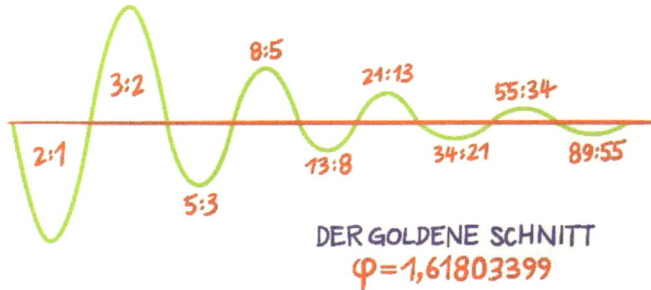

Freilich versagen selbst Fibonacci Zahlen manchmal kläglich. So erst kürzlich bei der Fußball EM 2020, die aufgrund der Corona Pandemie erst 2021 ausgetragen werden konnte. Eigentlich war England der prädestinierte Champion, 55 (Fibonacci Zahl) Jahre nach dem Gewinn der Fußball Weltmeisterschaft im eigenen Land – 34 (Fibonacci Zahl) Jahre vor plus 21 (Fibonacci Zahl) Jahre nach der Jahrtausendwende. Doch leider können selbst Fibonacci Zahlen nichts gegen das traditionell schwache Nervenkostüm englischer Elfmeterschützen ausrichten – und so ging die Trophäe wieder mal in das Heimatland des Erfinders dieser Zahlen.

Nachdem wir den Ausgang der letzten Fußball EM geklärt haben, können wir uns endlich der Rolle von Fibonacci Zahlen bei den Primzahlen widmen. Dazu tragen wir die Zahlen wie folgt auf:

Fibonacci:	1	1	2	3	5	8	13
Zähler:	1	2	3	4	5	6	7

Fibonacci:	21	34	55	89	144	233
Zähler:	8	9	10	11	12	13

Erfreut stellen wir fest, dass für jeden Zähler größer 2, der selbst eine Primzahl ist, die entsprechende Fibonacci Zahl ebenfalls eine Primzahl ist! Leider versagt diese Regel bereits beim Zähler 19, denn die entsprechende Fibonacci Zahl lautet 4181 und diese lässt sich in die Primzahlen 37 und 113 faktorisieren. Nichtsdestotrotz machen sich Hobby-Mathematiker einen Spaß daraus, nach der höchsten Fibonacci-Primzahl zu fahnden, welche aktuell bereits 21.925 Stellen hat (Zähler: 104911). Mathematik Profis treibt hingegen eher die Frage um, ob unendlich viele Fibonacci-Primzahlen existieren. Tatsächlich ist diese Frage bis heute unbeantwortet und sie gilt als das größte ungelöste Problem in Bezug auf die Fibonacci Zahlen.

Davon lassen wir uns aber natürlich nicht abschrecken und stellen selbst eine kurze Untersuchung des Sachverhalts an. Die Berechnung von Fibonacci Zahlen in einer Tabellenkalkulation ist ja denkbar einfach. Dachte sich jedenfalls auch der Autor, bevor er verwundert feststellen musste, dass sein Excel (neueste Version) ab 16-stelligen Zahlen einfach mal das Runden anfängt und unser Unterfangen somit nur bis zum Zählerstand 73 gelingt – und schon wieder entpuppt sich die 73 als eine ganz besondere Zahl! Immerhin reicht diese kurze Periode, um festzustellen, dass sich das Muster der Teilbarkeit von Fibonacci Zahlen durch 2, 3 und 5 nach 60 Stellen wiederholt und wir also innerhalb von 60 Stellen bis zur Unendlichkeit immer 24 Fibonacci Zahlen vorfinden werden, die prinzipiell Primzahlen sein könnten. Tatsächlich gibt es innerhalb der ersten Periode deren 8 (Fibonacci Zahl!). Wir haben es also mit einer „Trefferquote" von 1/3 zu tun (wieder zwei Fibonacci Zahlen!)

Wie sich diese Trefferquote in Richtung Unendlichkeit entwickelt? Sobald uns ein ordentliches Tabellenkalkulationsprogramm zur Verfügung steht, werden wir es herausfinden!

	A	B	C	D	G	H
1	Zähler	Fibonacci Zahl	Faktorenzerlegung	Anzahl möglicher Primzahlen		
2	1	1				
3	2	1				
4	3	2				
5	4	3				
6	5	5				
7	6	8				
8	7	13		1		
9	8	21				
10	9	34				
11	10	55				
12	11	89		2		
13	12	144				
14	13	233		3		
15	14	377	=13*29	4		
16	15	610				
17	16	987				
18	17	1.597		5		
19	18	2.584				
20	19	4.181	=37*113	6		
21	20	6.765				
22	21	10.946				
23	22	17.711	=89*199	7		
24	23	28.657		8		
25	24	46.368				
26	25	75.025				
27	26	121.393	=233*521	9		
28	27	196.418				
29	28	317.811				
30	29	514.229		10		
31	30	832.040				
32	31	1.346.269	=557*2417	11		
33	32	2.178.309				
34	33	3.524.578				
35	34	5.702.887	=1597*3571	12		
36	35	9.227.465				
37	36	14.930.352				
38	37	24.157.817	=73*149*2221	13		
39	38	39.088.169	=37*113*9349	14		
40	39	63.245.986				
41	40	102.334.155				
42	41	165.580.141	=2789*59369	15		
43	42	267.914.296				
44	43	433.494.437		16		
45	44	701.408.733				
46	45	1.134.903.170				
47	46	1.836.311.903	=139*461*28657	17		
48	47	2.971.215.073		18		
49	48	4.807.526.976				
50	49	7.778.742.049	=13*97*6168709	19		
51	50	12.586.269.025				
52	51	20.365.011.074				
53	52	32.951.280.099				
54	53	53.316.291.173	=953*55945741	20		
55	54	86.267.571.272				
56	55	139.583.862.445				
57	56	225.851.433.717				
58	57	365.435.296.162				
59	58	591.286.729.879	=59*19489*514229	21		
60	59	956.722.026.041	=353*2710260697	22		
61	60	1.548.008.755.920				
62	61	2.504.730.781.961	=4513*555003497	23		
63	62	4.052.739.537.881	=557*2417*3010349	24		
64	63	6.557.470.319.842				
65	64	10.610.209.857.723				
66	65	17.167.680.177.565				
67	66	27.777.890.035.288				
68	67	44.945.570.212.853	=269*116849*1429913			
69	68	72.723.460.248.141				
70	69	117.669.030.460.994				
71	70	190.392.490.709.135				
72	71	308.061.521.170.129	=6673*46165371073			
73	72	498.454.011.879.264		498.454.011.879.265	498.454.011.879.268	498.454.011.879.269
74	73	806.515.533.049.393	=9375829*86020717	806.515.533.049.394	806.515.533.049.397	806.515.533.049.398
75	74	1.304.969.544.928.660		1.304.969.544.928.660	1.304.969.544.928.660	1.304.969.544.928.670
76	75	2.111.485.077.978.050				
77	76	3.416.454.622.906.710				
78	77	5.527.939.700.884.760				
79	78	8.944.394.323.791.460				
80	79	14.472.334.024.676.200				
81	80	23.416.728.348.467.700				

Kapitel 11 Fazit und Ausblick

Wir haben an einigen Beispielen gesehen, dass Primzahlen weitgehend einer strengen Logik folgen, und nicht etwa durch und durch chaotisch verteilt sind. Dennoch bleibt noch viel zu entdecken, so zum Beispiel ob es Äste mit noch längeren, ununterbrochenen Primzahlenreihen gibt, als die hier gefundenen.

Die bislang ermittelten Meta-Reihen geben Anlass zu dem Glauben, dass auch diese logisch untereinander verknüpft sind, was uns letztlich zu der "Mutter aller Reihen" führen würde. Der zur Ermittlung dieser "Mutter-Reihe" notwendige Rechenaufwand ist jedoch enorm und für einen Einzelnen mit stark begrenzter Rechenleistung nicht innerhalb einer vernünftigen Zeit zu bewältigen.

Eine überraschende Erkenntnis konnte über Primzahlzwillinge gefunden werden: Diese sind weder eineiig noch zweieiig und eigentlich nicht mal Geschwister, denn sie stammen von unterschiedlichen Müttern! Ihre Nachbarschaft im Zahlenstrahl ist also rein zufällig. Deshalb ist die Frage, ob es unendlich viele Primzahlzwillinge gibt, nach Ansicht des Autors ohne Relevanz.

Die Abstände innerhalb der allermeisten Primzahlenreihen sind zunehmend und daher kann man nun den eingangs erwähnten Primzahlsatz mit seiner logarithmischen Beziehung gut nachvollziehen.

Summa summarum haben wir die *Riemannsche Vermutung* widerlegt – jedenfalls nach Meinung des Autors. Tatsächlich haben schon sehr viele Mathematiker versucht, die Richtigkeit dieser Vermutung zu beweisen und sind damit gescheitert, weil an irgendeiner Stelle in der langen Beweiskette eine unbewiesene Annahme stand. Vielleicht haben all diese Mathematiker aber schlicht den falschen Ansatz gewählt, in dem sie die Richtigkeit der Aussage unbedingt beweisen wollten und der Wunsch zu sehr Vater des Gedankens war. Der Autor wiederum hat den anderen möglichen Weg eingeschlagen, der aber genauso wissenschaftlich ist, und hat die Aussage zur Zufälligkeit der Primzahlenverteilung falsifiziert. Wir haben also nicht versucht zu beweisen, was man gar nicht beweisen kann!

Letzten Endes kommt es dem Autor aber gar nicht auf diesen Beweis oder Gegenbeweis an. Vielmehr geht es darum, die innere Schönheit von Primzahlen und deren wunderbare einheitliche Logik, die sich in unendlich vielen Zahlenreihen manifestiert, aufzuzeigen. Der allergrößte Erfolg wäre ohnehin, falls sich Leser des Buches nun inspiriert fühlten, selbst in die Untersuchung von Primzahlen einzusteigen und sich von deren Faszination einnehmen zu lassen!

Danksagung:

Mein Dank gilt Werner von Siemens, einem leidenschaftlichen Ingenieur, Erfinder und visionärem Unternehmensgründer, in dessen Firma ich über 25 Jahre lang arbeiten durfte.

Außerdem möchte ich mich herzlich beim Prof. Dr. Edmund Weitz von der HAW Hamburg bedanken, dessen Weihnachtsvorlesung aus dem Jahr 2016 die wesentliche Inspiration für das Kapitel über die Riemannsche Vermutung lieferte.